高等院校生物类专业系列教材

环境监测

EXPERIMENTS IN ENVIRONMENT MONITORING

实 验

主 编 白书立
副主编 蒋胜韬

U0314897

ZHEJIANG UNIVERSITY PRESS
浙江大学出版社

前　言

　　《环境监测实验》是一门应用性和实践性很强的专业基础课程，通过该课程的学习可以使学生更好地掌握环境监测的基本理论和技术，提高动手能力。为了满足普通高等院校环境类及相关专业对《环境监测实验》课程的教学要求，我们编写了《环境监测实验》。本教材主要介绍了各环境监测中的主要污染物以及污染现状的测定方法和技术、最新的环境监测仪器的使用方法、监测数据和实验误差的处理。本教材在编写过程中参照教育部环境科学与工程教学指导委员会制定的专业建设规范和环境监测核心课程的要求，并参考了国家环境保护部和国家监测总站颁布的最新标准和方法。因此，本教材不仅适合环境类相关专业的学生使用，还可以作为环境监测工作者的参考用书。

　　本教材由白书立主编。第1、2章及附录由蒋胜韬编写，第3、4章由白书立编写。全书由白书立统稿。在编写过程中，台州学院环境工程系的师生给予了许多帮助，在此表示衷心的感谢。

　　由于编者水平所限，书中的疏漏敬请读者批评和指正。

编　者

2014 年 4 月

目　　录

第一章　环境监测基础概念及监测方案

1.1　环境监测的定义和目的

1.1.1　环境监测的定义

环境监测是指运用物理、化学、生物等技术方法，对影响环境质量因素的代表值进行监测或测定，确定环境质量（或污染程度）及其变化趋势。

1.1.2　环境监测的目的

环境监测的目的是准确、及时、全面地反映环境质量现状及发展趋势，为环境管理、污染源控制、环境规划等提供科学依据。

具体可归纳为：

（1）根据环境质量标准，评价环境质量。

（2）根据污染分布情况，追踪寻找污染源，为实现监督管理、控制污染提供依据。

（3）收集本地数据，积累长期监测资料，为研究环境容量、实施总量控制、目标管理、预测环境质量提供数据。

（4）为制定环境规划、环境标准、环境法规等服务。

1.2　环境监测的分类

环境监测可按其监测对象或监测目的进行分类。

1. 按监测对象

环境监测主要可分为环境质量监测和污染源排放浓度监测。其中环境质量监测又包括以下几类：

（1）地表水环境监测；

（2）环境空气质量监测；

（3）声环境质量监测；

（4）土壤质量监测。

2. 按其监测目的

环境监测可分为以下几类：

1

（1）监视性监测（又称为例行监测或常规监测）

对指定的有关项目进行定期的、长时间的监测，以确定环境质量及污染源状况、评价控制措施的效果，衡量环境标准实施情况和环境保护工作的进展。这是监测工作中量最大、面最广的工作。

监视性监测包括环境质量监测（所在地区的空气、水质、噪声、固体废弃物等监督监测）和污染源的监督监测（污染物浓度、排放总量、污染趋势等）。

（2）特种目的监测（又称为应急监测或特例监测）

包括污染事故应急监测、纠纷仲裁监测、环评要求进行的监测、建设项目竣工环保验收监测等。

（3）研究性监测（又称为科研监测）

针对特定目的科学研究而进行的高层次的监测，例如环境本底的监测及研究、标准分析方法的研究、标准物质的研制等。

1.3　环境监测在环保工作中的作用

1.3.1　环境监测在环境保护和管理中的作用

（1）环境监测是环境保护的"眼睛"、"哨兵"、"基础"、"重要支柱"，是执行国家法律、法规、标准的"尺子"，是环保工作的基础，为环境执法提供有力的技术支持和保证。

（2）通过对企业污染物排放情况进行监视性和监督性监测，起到环境监督管理的作用，督促企业严格落实好环保的法律、法规。

（3）通过环境监测评价环保设施的性能，为综合防治对策提供基础数据。

（4）通过环境监测统计，计算一个单位和一个地区的排污量，并依据单位排污情况进行排污费的征收工作。

（5）通过环境监测，研究环境容量和核定地区或者企事业单位排污总量。

（6）通过环境监测，研究污染原因、污染物迁移和转化，为环境保护及科学研究提供可靠的数据。

1.3.2　环境监测在环境影响评价中的作用

建设项目从筹建到投产，在下列几个阶段，需要进行环境监测：

（1）在可行性研究阶段，编制环境影响报告书须要进行环境现状监测，查清项目所在地区的环境质量现状，为环境影响预测和评价提供叠加需要的本底值。

（2）在建设项目施工阶段，应进行施工环境监测，以掌握项目施工污染物排放情况，及其对环境的影响，考察环评提出的环保措施的实际效果。

（3）在建设项目竣工试生产阶段，须进行项目竣工环境保护验收监测和环境管理检查，考核建设项目是否达到了环境保护要求，验证环境影响评价的预测和要求是否科学合理，为环保管理部门进行项目验收提供技术依据。

环境监测计划是环境影响评价中的一个重要组成部分。在编制环境影响报告书中，应制订环境监测计划，根据建设项目环境影响情况，提出设计、施工期、运营期的环境管理及监测计划要求，包括管理制度、机构、人员、监测点位、监测时间、监测频次、监测因子等。环境监测计划的制订和执行，将会保证环保措施的实施和落实，可以及时发现环保措施的不足，进行修正和改进，以便使环境资源维持在期望值范围以内。

1.4　环境监测方案

1.4.1　环境监测方案的基本内容

根据监测要素不同，其监测方案也有差别。例如水和气的监测方案应强调优化布点、样品采集、保存与传输等，而噪声监测方案的重点是点位布设，相对于水和气的监测方案要简单得多。监测方案应包括以下基本内容：

1. 现场调查与资料收集

要对所在区域的自然环境、污染物扩散和迁移进行调查。例如进行地表水监测，要调查水从哪儿来、水体水质如何、汇入评价项目的排水后又流到哪里去、该水系应执行什么标准、本区域内的污染源排放的特征因子以及污染物排放浓度及排污总量等。现场调查和资料收集是划定监测范围、确定监测因子、设置监测点位的基础。

2. 监测项目

根据我国的环境保护法规，国家、行业及地方的污染物排放标准和环境质量标准，及污染源污染物排放特点等确定监测项目。

在确定监测项目时，还应当遵循优先污染物优先监测的原则。

监测项目除了包括污染因子外，还包括一些环境参数，如环境空气质量监测时的气象参数、地表水环境质量监测时的水文参数等。

3. 监测范围、点位布设

充分考虑区域的自然环境状况和污染物扩散分布特征，按照相应的监测技术规范和环境影响评价技术导则确定监测范围。

优化点位布设是在充分考虑环境污染物扩散和时间、空间分布的基础上，取得有代表性监测数据的重要程序。

4. 监测时间和频次

要掌握污染物的时间分布，必须选择有代表性的时期开展环境监测。

大气环境监测分采暖期和非采暖期，水环境监测分丰水期、平水期和枯水期，噪声监测分昼间和夜间，不同时期获得的监测数据可能有较大的差别。

为了能获得代表性的监测数据，应按照相应的监测技术规范和环境影响评价技术导则确定监测时间和监测频次，同时监测时间还必须满足所用评价标准值的取值时间要求。

5. 样品采集和分析测定

环境监测过程必须按照规范的操作规程加以实施,才能获取科学可靠的监测信息。在进行环境监测工作时,必须按照相关的环境监测技术规范执行。相关的技术规范有:

(1)《地表水和污水监测技术规范》(HJ/T 91—2002);

(2)《水污染物排放总量监测技术规范》(HJ/T 92—2002);

(3)《环境空气质量自动监测技术规范》(HJ/T 193—2005);

(4)《环境空气质量手工监测技术规范》(HJ/T 194—2005);

(5)《固定污染源排气中颗粒物测定和气态污染物采样方法》(GB/T 16157—1996);

(6)《固定源废气监测技术规范》(HJ/T 397—2007);

(7)《大气污染物无组织排放监测技术导则》(HJ/T 55—2000);

(8)《土壤环境监测技术规范》(HJ/T 166—2004);

(9)《声环境质量标准》(GB 3096—2008);

(10)《工业企业厂界环境噪声排放标准》(GB 12348—2008)等。

污染物的监测分析方法,首先按相关的国家环境质量标准和污染物排放标准要求,采用其列出的标准测试方法。对相关标准中未列出的污染物和尚未列出测试方法的污染物,其测试方法按以下次序选择:国家现行的标准测试方法,行业现行的标准测试方法,国际现行的标准测试方法和国外现行的标准测试方法。

对目前尚未建立标准方法的污染物测试,可参考国内外已经成熟但未上升为标准的测试技术,但应进行空白、检测限、平行双样、加标回收等适用性检验,并附加必要说明。

6. 质量控制和质量保证

监测数据是环境监测的产品,只有达到"代表性、准确性、精密性、完整性、可比性"要求的数据才能符合要求。"代表性、准确性、精密性、完整性、可比性"也是描述监测结果预期性质的质量指标。

环境监测过程中对监测结果以质量影响的因素很多,其中既有采样质量的影响,也有测试系统、测试环境、分析方法和操作者素质等的影响。这诸多因素相互作用的结果,决定着监测工作的质量。因此,除了采取优化布点和采样监测频次外,还必须强调全程序的质量保证和质量控制(QA/QC)。

质量保证和质量控制(QA/QC),是一种保证监测数据准确可靠的方法,也是科学管理实验室和监测系统的有效措施。它可以保证数据质量,使环境监测建立在可靠的基础之上。

7. 监测单位的资质要求

根据我国计量法和《实验室和检查机构资质认定管理办法》规定,凡是向社会出具具有证明作用的数据和结果的单位必须通过实验室资质认定评审,只有其基本条件和能力符合法律、行政法规以及相关技术规范或者标准实施的要求,才能通过"计量认证",获得资质证书,其出具的数据加盖CMA印章,才具有证明作用。

实验室认可单位也是为社会提供具有证明作用数据的委托单位。虽然我国计量法对实验室认可尚未做出强制性要求,但我国的实验室认可已与国际接轨,有些外国独资企业或合资企业的环评项目,亦可委托通过实验室认可的监测单位实施监测方案。

1.4.2 地表水监测方案

1. 监测项目

监测因子应根据项目废水污染物的排污特征和评价区域的功能区划,选择《地表水环境质量标准》(GB 3838—2002)、《地表水和污水监测技术规范》(HJ/T 91—2002)和相关的水污染物排放标准中要求控制的项目,包括常规污染物和特征污染物。

监测项目还应包括地表水的水温、流量、流速等水文参数。

2. 监测断面

监测断面在总体和宏观上要能反映水系或所在区域的水环境质量状况,各断面的具体位置要能反映项目所在区域的污染特征,并以最少的断面获取足够使用的水环境信息,还应考虑实际采样时的可能性和方便性。采样断面最好要能与国控或省控断面重合或接近,以便获得更长期的监测数据,分析区域水环境的长期变化趋势。

取样断面的设置主要遵循以下原则:

(1)调查范围的两端应布设取样断面。

(2)调查范围内重点保护对象附近水域应布设取样断面。

(3)水文特征变化处(如支流汇入处等)、水质急剧变化处(如污水排入处等)、重点水工构筑物(如取水口、桥梁涵洞等)附近应布设取样断面。

(4)水文站附近等应布设取样断面,并适当考虑水质预测关心点。

(5)在拟建成排污口上游500m处应设置一个取样断面。

一般情况下应布设对照、控制、消减三种类型的断面。

设置对照断面以便了解流入某一区域(监测段)前的水质状况,提供这一水系区域本底值。通常位于该区域所有污染源上游处,排污口上游500m处,一个河段区域一般设置一个对照断面(有支流时可酌情增加)。

设置控制断面以便了解水环境受污染程度及其变化情况,监测污染源对水质的影响。通常位于主要排污口下游较充分混合的断面下游500m或1000m处,可以根据城市的工业布局和排污口分布情况而定,设置一个或多个控制断面。

设置削减断面以便了解经稀释扩散和自净后,河流水质情况。通常在最后一个排污口下游2000m、3000m和5000m处设置三个削减断面。

3. 采样点位

根据《环境影响评价技术导则地面水环境》(HJ/T 2.3),应按照河宽、水深设置采样垂线并确定采样深度。

(1)取样垂线的确定

小河:在取样断面的主流线上设一条取样垂线。

大、中河:河宽小于50m者,共设两条取样垂线,在取样断面上各距岸边1/3水面宽处设一条取样垂线;河宽大于50m者,共设三条取样垂线,在主流线上及距两岸不少于0.5m并有明显水流的地方各设一条取样垂线。

特大河：由于河流过宽，应适当增加取样垂线，而且主流线两侧的垂线数目不必相等，拟设置排污口一侧可以多一些。

（2）垂线上取样水深的确定

在一条垂线上，水深大于5m时，在水面下0.5m水深处及距河底0.5m处，各取样一个；水深为1～5m时，只在水面下0.5m处取一个样；在水深不足1m时，取样点距水面不应小于0.3m，距河底也不应小于0.3m。

但对于小河，不论河水深浅，只在一条垂线上取一个样，一般情况下取样点应在水面下0.5m处，距河底不应小于0.3m。

4. 监测频次

饮用水源地、省（自治区、直辖市）交界断面中需要重点控制的监测断面每月至少采样一次。

较大的水系、河流、湖泊、水库的监测断面，逢单月采样一次，全年6次。采样时间为丰水期、枯水期和平水期，每期采样两次。

国控监测断面每月采样一次，在每月5～10日进行采样。

环评项目地表水现状监测中，在所规定的不同规模河流、不同评价等级的调查时期中，每期调查一次，每次调查3～4天，通常调查3天；至少有一天对所有已选取定的水质参数取样分析。

5. 样品采集

（1）测定重金属的项目使用聚乙烯采样器和聚乙烯装样瓶，测定TN、TP、COD等项目和有机物污染项目时应使用玻璃采样器和玻璃装样瓶。

（2）测定粪大肠菌群及生物项目时采样器和样品瓶应经过灭菌处理。经160℃干热灭菌2h的微生物采样容器必须在2周内使用，否则应重新灭菌；经过121℃高压蒸汽灭菌15min的采样容器，如不立即使用，应于60℃将瓶内冷凝水烘干，两周内使用。

（3）细菌监测项目采样时不能用水样冲洗采样容器，不能采混合水样，应单独采样2h内送实验室分析。

（4）硫化物、油类、余氯、悬浮物等项目应单独采样；pH值、水温、溶解氧、电导率应在现场测定。

（5）环评项目中，一级评价要求每个取样点单独采样分析，不能取混合样；二级和三级评价需要预测混合过程时，每次应将各取样断面中每条垂线上的水样混合成一个水样，其他情况下每个取样断面每次只取一个混合水样。

6. 分析方法

分析方法首选国家环境质量标准中列出的标准测试方法。

对国家环境质量标准未列出的污染物和尚未列出测试方法的污染物，选择国家现行的标准测试方法、行业现行标准测试方法、统一方法或推荐方法等。各种水质监测项目监测分析方法见表1-1。

当使用非标准方法或统一方法监测分析时，应进行等效性或实用性检验，如平行双样、加标回收、质控样测定等，且应适当增加平行双样和加标样的测定频次。

表 1-1　水和污水监测分析方法

序号	监测项目	分析方法	最低检出浓度(量)	有效数字最多位数	小数点后最多位数(5)	备注
1	水温	温度计法	0.1℃	3	1	GB 13195—91
2	色度	1. 铂钴比色法	—	—	—	GB 11903—89
		2. 稀释倍数法	—	—	—	GB 11903—89
3	臭	1. 文字描述法	—	—	—	(1)
		2. 臭阈值法	—	—	—	(1)
4	浊度	1. 分光光度法	3 度	3	0	GB 13200—91
		2. 目视比浊法	1 度	3	1	GB 13200—91
5	透明度	1. 铅字法	0.5cm	2	1	(1)
		2. 塞氏圆盘法	0.5cm	2	1	(1)
		3. 十字法	5cm	2	0	(1)
6	pH	玻璃电极法	0.1(pH 值)	2	2	GB 6920—86
7	悬浮物	重量法	4mg/L	3	0	GB 11901—89
8	矿化度	重量法	4mg/L	3	0	(1)
9	电导率	电导仪法	1μS/cm(25℃)	3	1	(1)
10	总硬度	1. EDTA 滴定法	0.05mmol/L	3	2	GB 7477—87
		2. 钙镁换算计	—	—	—	(1)
		3. 流动注射法	—	—	—	(1)
11	溶解氧	1. 碘量法	0.2mg/L	3	1	GB 7489—87
		2. 电化学探头法	—	3	1	GB 11913—89
12	高锰酸盐指数	1. 高锰酸盐指数	0.5mg/L	3	1	GB 11892—89
		2. 碱性高锰酸钾法	0.5mg/L	3	1	(1)
		3. 流动注射连续测定法	0.5mg/L	3	1	(1)
13	化学需氧量	1. 重铬酸盐法	5mg/L	3	0	GB 11914—89
		2. 库仑法	2mg/L	3	0	(1);需与标准回流 2h 进行对照
		3. 快速 COD 法(①催化快速法,②密闭催化消解法,③节能加热法)	2mg/L	3	1	(1)

续　表

序号	监测项目	分析方法	最低检出浓度（量）	有效数字最多位数	小数点后最多位数(5)	备注
14	生化需氧量	1. 稀释与接种法	2mg/L	3	1	GB 7488—87
		2. 微生物传感器快速测定法	—	3	1	HJ/T86—2002
15	氨氮	1. 纳氏试剂光度法	0.025mg/L	3	3	GB 7479—87
		2. 蒸馏和滴定法	0.2mg/L	4	2	GB 7478—87
		3. 水杨酸分光光度法	0.01mg/L	4	2	GB 7481—87
		4. 电极法	0.03mg/L	4	3	HZ—HJ—SZ—0136
16	挥发酚	1. 4-氨基安替比林萃取光度法	0.002mg/L	3	4	GB 7490—87
		2. 蒸馏后溴化容量法	—	3	—	GB 7491—87
17	总有机碳	1. 燃烧氧化-非分散红外线吸收法	0.5mg/L	3	1	GB 13193—91
		2. 燃烧氧化-非分散红外法	0.5mg/L	3	1	HJ/T 71—2001
18	油类	1. 重量法	10mg/L	3	0	(1)
		2. 红外分光光度法	0.1mg/L	3	2	GB/T16488—1996
19	总氮	碱性过硫酸钾消解-紫外分光光度法	0.05mg/L	3	2	GB 11894—89
20	总磷	1. 钼酸铵分光光度法	0.01mg/L	3	3	GB 11893—89
		2. 孔雀绿-磷钼杂多酸分光光度法	0.005mg/L	3	3	(1)
		3. 氯化亚锡还原光光度法	0.025mg/L	3	3	(1)
		4. 离子色谱法	0.01mg/L	3	3	(1)
21	亚硝酸盐氮	1. N-(1-萘基)-乙二胺比色法	0.005mg/L	3	3	GB 13580.7—92
		2. 分光光度法	0.003mg/L	3	4	GB 7493—87
		3. α-萘胺比色法	0.003mg/L	3	4	GB 13589.5—92
		4. 离子色谱法	0.05mg/L	3	2	(1)
		5. 气相分子吸收法	5μg/L	3	1	(1)

序号	监测项目	分析方法	最低检出浓度（量）	有效数字最多位数	小数点后最多位数(5)	备注
22	硝酸盐氮	1. 酚二磺酸分光光度法	0.02mg/L	3	3	GB 7480—87
		2. 镉柱还原法	0.005mg/L	3	3	(1)
		3. 紫外分光光度法	0.08mg/L	3	2	(1)
		4. 离子色谱法	0.04mg/L	3	2	(1)
		5. 气相分子吸收法	0.03mg/L	3	3	(1)
		6. 电极流动法	0.21mg/L	3	2	(1)
23	凯氏氮	蒸馏-滴定法	0.2mg/L	3	2	GB 11891—89
24	酸度	1. 酸碱指示剂滴定法	—	4	2	(1)
		2. 电位滴定法	—	3	1	(1)
25	碱度	1. 酸碱指示剂滴定法	—	4	1	(1)
		2. 电位滴定法	—	4	2	(1)
26	氯化物	1. 硝酸银滴定法	2mg/L	3	1	GB 11896—89
		2. 电位滴定法	3.4mg/L	3	1	(1)
		3. 离子色谱法	0.04mg/L	3	2	(1)
		4. 电极流动法	0.9mg/L	3	1	(1)
27	游离氯和总氯（活性氯）	1. N,N-二乙基-1,4-苯二胺滴定法	0.03mg/L	3	3	GB 11897—89
		2. N,N-二乙基-1,4-苯二胺分光光度法	0.05mg/L	3	2	GB 11898—89
28	二氧化氯	连续滴定碘量法	—	4	4	GB 4287—92 附录A
29	氟化物	1. 离子选择电极法（含流动电极法）	0.05mg/L	3	2	GB 7484—87
		2. 氟试剂分光光度法	0.05mg/L	3	2	GB 7483—87
		3. 茜素磺酸锆目视比色法	0.05mg/L	3	2	GB 7482—87
		4. 离子色谱法	0.02mg/L	3	3	(1)
30	氰化物	1. 异烟酸-吡唑啉酮比色法	0.004mg/L	3	4	GB 7486—87
		2. 吡啶-巴比妥酸比色法	0.002mg/L	3	2	GB 7486—87
		3. 硝酸银滴定法	0.25mg/L	3	3	GB 7486—87

第一章 环境监测基础概念及监测方案

续 表

序号	监测项目	分析方法	最低检出浓度(量)	有效数字最多位数	小数点后最多位数(5)	备注
31	石棉	重量法	4mg/L	3	0	GB 11901—89
32	硫氰酸盐	异烟酸-吡唑啉酮分光光度法	0.04mg/L	3	2	GB/T 13897—92
33	铁(Ⅱ,Ⅲ)氰化合物	1. 原子吸收分光光度法	0.5mg/L	3	1	GB/T 13898—92
		2. 三氯化铁分光光度法	0.4mg/L	3	1	GB/T 13899—92
34	硫酸盐	1. 重量法	10mg/L	3	0	GB 11899—89
		2. 铬酸钡光度法	1mg/L	3	1	(1)
		3. 火焰原子吸收法	0.2mg/L	3	2	GB 13196—91
		4. 离子色谱法	0.1mg/L	3	2	(1)
35	硫化物	1. 亚甲基蓝分光光度法	0.005mg/L	3	3	GB/T 16489—1996
		2. 直接显色分光光度法	0.004mg/L	3	3	GB/T 17133—1997
		3. 间接原子吸收法		3	2	(1)
		4. 碘量法	0.02mg/L	3	3	(1)
36	银	1. 火焰原子吸收法	0.03mg/L	3	3	GB 11907—89
		2. 镉试剂 2B 分光光度法	0.01mg/L	3	3	GB 11908—89
		3. 3,5-Br-2-PADAP 分光光度法	0.02mg/L	3	3	GB 11909—89
37	砷	1. 硼氢化钾-硝酸银分光光度法	0.0004mg/L	3	4	GB 11900—89
		2. 氢化物发生原子吸收法	0.002mg/L	3	4	(1)
		3. 二乙基二硫代氨基甲酸银分光光度法	0.007mg/L	3	3	GB 7485—87
		4. 等离子发射光谱法	0.2mg/L	3	2	(1)
		5. 原子荧光法	0.5μg/L	3	1	(1)

序号	监测项目	分析方法	最低检出浓度(量)	有效数字最多位数	小数点后最多位数(5)	备注
38	铍	1. 石墨炉原子吸收法	0.02μg/L	3	3	HJ/T 59—2000
		2. 铬菁R光度法	0.2μg/L	3	2	HJ/T 58—2000
		3. 等离子发射光谱法	0.02mg/L	3	3	(1)
39	镉	1. 流动注射-在线富集火焰原子吸收法	2μg/L	3	1	环监测〔1995〕079号文
		2. 火焰原子吸收法	0.05mg/L（直接法）	3	2	GB 7475—87
			1μg/L（螯合萃取法）	3	1	GB 7475—87
		3. 双硫腙分光光度法	1μg/L	3	1	GB/T 7471—87
		4. 石墨炉原子吸收法	0.10μg/L	3	2	(1)
		5. 阳极溶出伏安法	0.5μg/L	3	1	(1)
		6. 极谱法	0.006mg/L	3	1	(1)
		7. 等离子发射光谱法	6～10mol/L	3	3	(1)
40	铬	1. 火焰原子吸收法	0.05mg/L	3	2	(1)
		2. 石墨炉原子吸收法	0.2μg/L	3	2	(1)
		3. 高锰酸钾氧化-二苯碳酰二肼分光光度法	0.004mg/L	3	3	GB 7466—87
		4. 等离子发射光谱法	0.02mg/L	3	3	(1)
41	六价铬	1. 二苯碳酰二肼分光光度法	0.004mg/L	3	3	GB 7467—87
		2. APDC－MIBK萃取原子吸收法	0.001mg/L	3	4	(1)
		3. DDTC－MIBK萃取原子吸收法	0.001mg/L	3	4	(1)
		4. 差示脉冲极谱法	0.001mg/L	3	4	(1)

第一章　环境监测基础概念及监测方案

续 表

序号	监测项目	分析方法	最低检出浓度(量)	有效数字最多位数	小数点后最多位数(5)	备注
42	铜	1. 火焰原子吸收法	0.05mg/L（直接法）	3	2	GB 7475—87
			1μg/L（螯合萃取法）	3	1	GB 7475—87
		2. 2,9-二甲基-1, 10-菲啰啉分光光度法	0.06mg/L	3	2	GB 7473—87
		3. 二乙基二硫代氨基甲酸钠分光光度法	0.01mg/L	3	3	GB 7474—87
		4. 流动注射-在线富集火焰原子吸收法	2μg/L	3	1	(1)
		5. 阳极溶出伏安法	0.5μg/L	3	1	(1)
		6. 示波极谱法	6~10mol/L	3	1	(1)
		7. 等离子发射光谱法	0.02mg/L	3	3	(1)
43	汞	1. 冷原子吸收法	0.1μg/L	3	2	GB 7468—87
		2. 原子荧光法	0.01μg/L	3	3	(1)
		3. 双硫腙光度法	2μg/L	3	1	GB 7469—87
44	铁	1. 火焰原子吸收法	0.03mg/L	3	3	GB 11911—89
		2. 邻菲罗啉分光光度法	0.03mg/L	3	3	(1)
45	锰	1. 火焰原子吸收法	0.01mg/L	3	3	GB 11911—89
		2. 高碘酸钾氧化光度法	0.05mg/L	3	2	GB 11906—89
		3. 等离子发射光谱法	0.002mg/L	3	4	(1)
46	镍	1. 火焰原子吸收法	0.05mg/L	3	2	GB 11912—89
		2. 丁二酮肟分光光度法	0.25mg/L	3	2	GB 11910—89
		3. 等离子发射光谱法	0.02mg/L	3	3	(1)

序号	监测项目	分析方法	最低检出浓度（量）	有效数字最多位数	小数点后最多位数（5）	备注
47	铅	1. 火焰原子吸收法	0.2mg/L（直接法）	3	2	GB 7475—87
			10μg/L（螯合萃取法）	3	0	GB 7475—87
		2. 流动注射-在线富集火焰原子吸收法	5.0μg/L	3	1	环监〔1995〕079号文
		3. 双硫腙分光光度法	0.01mg/L	3	3	GB 7470—87
		4. 阳极溶出伏安法	0.5mg/L	3	1	（1）
		5. 示波极谱法	0.02mg/L	3	3	GB/T 13896—92
		6. 等离子发射光谱法	0.10mg/L	3	2	（1）
48	锑	1. 氢化物发生原子吸收法	0.2mg/L	3	2	（1）
		2. 石墨炉原子吸收法	0.02mg/L	3	3	（1）
		3. 5-Br-PADAP光度法	0.050mg/L	3	3	SL 92—1994
		4. 原子荧光法	0.001mg/L	3	4	HJ 694—2014
49	铋	1. 氢化物发生原子吸收法	0.2mg/L	3	3	（1）
		2. 石墨炉原子吸收法	0.02mg/L	3	3	（1）
		3. 原子荧光法	0.5μg/L	3	3	HJ 694—2014
50	硒	1. 原子荧光法	0.5μg/L	3	1	（1）
		2. 2,3-二氨基萘荧光法	0.25μg/L	3	2	GB 11902—89
		3. 3,3'-二氨基联苯胺光度法	2.5μg/L	3	1	（1）
51	锌	1. 火焰原子吸收法	0.02mg/L	3	3	GB 7475—87
		2. 流动注射-在线富集火焰原子吸收法	4μg/L	3	0	（1）
		3. 双硫腙分光光度法	0.005mg/L	3	3	GB 7472—87
		4. 阳极溶出伏安法	0.5mg/L	3	1	（1）
		5. 示波极谱法	6～10mol/L	3	1	（1）
		6. 等离子发射光谱法	0.01mg/L	3	3	（1）

第一章 环境监测基础概念及监测方案

续 表

序号	监测项目	分析方法	最低检出浓度（量）	有效数字最多位数	小数点后最多位数(5)	备注
52	钾	1. 火焰原子吸收法	0.03mg/L	3	2	GB 11904—89
		2. 等离子发射光谱法	1. 0mg/L	3	1	(1)
53	钠	1. 火焰原子吸收法	0.010mg/L	3	3	GB 11904—89
		2. 等离子发射光谱法	0.40mg/L	3	2	(1)
54	钙	1. 火焰原子吸收法	0.02mg/L	3	3	GB 11905—89
		2. EDTA 络合滴定法	1. 00mg/L	3	2	GB 7476—87
		3. 等离子发射光谱法	0.01mg/L	3	3	(1)
55	镁	1. 火焰原子吸收法	0.002mg/L	3	3	GB 11905—89
		2. EDTA 络合滴定法	1. 00mg/L	3	2	GB 7477—87（Ca、Mg 总量）
56	锡	火焰原子吸收法	2.0mg/L	3	1	(1)
57	钼	无火焰原子吸收法	0.003mg/L	3	4	(2)
58	钴	无火焰原子吸收法	0.002mg/L	3	4	(2)
59	硼	姜黄素分光光度法	0.02mg/L	3	3	HJ/T 49—1999
60	锑	氢化物原子吸收法	0.0025mg/L	3	4	(2)
61	钡	无火焰原子吸收法	0.00618mg/L	3	3	(2)
62	钒	1. 钽试剂（BPHA）萃取分光光度法	0.018mg/L	3	3	GB/T 15503—1995
		2. 无火焰原子吸收法	0.007mg/L	3	3	(2)
63	钛	1. 催化示波极谱法	0.4μg/L	3	1	(2)
		2. 水杨基荧光酮分光光度法	0.02mg/L	3	3	(2)
64	铊	无火焰原子吸收法	4ng/L	3	0	(2)
65	黄磷	钼-锑-抗分光光度法	0.0025mg/L	3	4	(2)

序号	监测项目	分析方法	最低检出浓度（量）	有效数字最多位数	小数点后最多位数(5)	备注
66	挥发性卤代烃	1.气相色谱法	0.01～0.10μg/L	3	3	GB/T17130—1997
		2.吹脱捕集气相色谱法	0.009～0.08μg/L	3	3	(1)
		3.GC/MS法	0.03～0.3μg/L	3	3	(1)
67	苯系物	1.气相色谱法	0.005μg/L	3	3	GB 11890—89
		2.吹脱捕集气相色谱法	0.002～0.003μg/L	3	4	(1)
		3.GC/MS法	0.01～0.02μg/L	3	3	(1)
68	氯苯类	1.气相色谱法(1,2-二氯苯、1,4-二氯苯、1,2,4-三氯苯)	1～5μg/L	3	1	GB/T 17131—1997
		2.气相色谱法	0.5～5μg/L	3	1	(1)
		3.GC/MS法	0.02～0.08μg/L	3	3	(1)
69	苯胺类	1.N-(1-萘基)乙二胺偶氮分光光度法	0.03mg/L	3	3	GB 11889—89
		2.气相色谱法	0.01mg/L	3	3	(1)
		3.高效液相色谱法	0.3～1.3μg/L	3	2	(1)
70	丙烯腈和丙烯醛	1.气相色谱法	0.6mg/L	3	1	HJ/T 73—2001
		2.吹脱捕集气相色谱法	0.5～0.7μg/L	3	1	(1)
71	邻苯二甲酸酯(二丁酯,二辛酯)	1.乙酰丙酮光度法	0.01mg/L	3	3	HJ/T 72—2001
		2.变色酸光度法	0.1～0.2μg/L	3	2	(1)
72	甲醛	1.乙酰丙酮光度法	0.05mg/L	3	2	GB13197—91
		2.变色酸光度法	0.1mg/L	3	2	(1)
73	苯酚类	气相色谱法	0.03mg/L	3	3	GB 8972—88

续　表

序号	监测项目	分析方法	最低检出浓度（量）	有效数字最多位数	小数点后最多位数（5）	备注
74	硝基苯类	1. 气相色谱法	0.2～0.3μg/L	3	2	GB 13194—91
		2. 还原-偶氮光度法（一硝基和二硝基化合物）	0.20mg/L	3	2	(1)
		3. 氯代十六烷基吡啶光度法（三硝基化合物）	0.50mg/L	3	2	(1)
75	烷基汞	气相色谱法	20ng/L	3	0	GB 14204—93
76	甲基汞	气相色谱法	0.01ng/L	3	3	GB/T 17132—1997
77	有机磷农药	1. 气相色谱法（乐果、对硫磷、甲基对硫磷、马拉硫磷、敌敌畏、敌百虫）	0.05～0.5μg/L	3	2	GB 13192—91
		2. 气相色谱法（速灭磷、甲拌磷、二嗪农、异稻瘟净、甲基对硫磷、杀螟硫磷、溴硫磷、水胺硫磷、稻丰散、杀扑磷）	0.0002～0.0058mg/L	3	5	GB/T 14552—93
78	有机氯农药	1. 气相色谱法	4～200ng/L	3	0	GB 7492—87
		2. GC/MS 法	0.5～1.6ng/L	3	1	(1)
79	苯并[α]芘	1. 乙酰化滤纸层析荧光分光光度法	0.004μg/L	3	3	GB 11895—89
		2. 高效液相色谱法	0.001μg/L	3	4	GB 13198—91
80	多环芳烃	高效液相色谱法（荧蒽、苯并[b]荧蒽、苯并[k]荧蒽、苯并[α]芘、苯并[ghi]䓛、茚苯[1,2,3-cd]芘）	ng/L级	3	2	GB 13198—91
81	多氯联苯	GC/MS	0.6～1.4ng/L	3	1	(1)
82	三氯乙醛	1. 气相色谱法	0.3ng/L	3	2	(1)
		2. 吡唑啉酮光度法	0.02mg/L	3	3	(1)
83	可吸附有机卤素（AOX）	1. 微库仑法	0.05mg/L	3	2	GB 15959—1995
		2. 离子色谱法	15μg/L	3	0	(1)

序号	监测项目	分析方法	最低检出浓度（量）	有效数字最多位数	小数点后最多位数(5)	备注
84	丙烯酰胺	气相色谱法	0.15μg/L	3	2	(2)
85	一甲基肼	对二甲氨基苯甲醛分光光度法	0.01mg/L	3	3	GB 14375—93
86	肼	对二甲氨基苯甲醛分光光度法	0.002mg/L	3	3	GB/T 15507—95
87	偏二甲基肼	氨基亚铁氰化钠分光光度法	0.005mg/L	3	3	GB 14376—93
88	三乙胺	溴酚蓝分光光度法	0.25mg/L	3	2	GB 14377—93
89	二乙烯三胺	水杨醛分光光度法	0.2mg/L	3	2	GB 14378—93
90	黑索今	分光光度法	0.05mg/L	3	2	GB/T 13900—92
91	二硝基甲苯	示波极谱法	0.05mg/L	3	2	GB/T 13901—92
92	硝化甘油	示波极谱法	0.02mg/L	3	0	GB/T 13902—92
93	梯恩梯	1. 分光光度法	0.05mg/L	3	2	GB/T 13903—92
		2. 亚硫酸钠分光光度法	0.1mg/L	3	2	GB/T 13905—92
94	梯恩梯、黑索今、地恩锑	气相色谱法	0.01～0.10mg/L	3	3	GB/T 13904—92
95	总硝基化合物	分光光度法	—	3	3	GB 4918—85
96	总硝基化合物	气相色谱法	0.005～0.05mg/L	3	3	GB 4919—85
97	五氯酚和五氯酚钠	1. 气相色谱法	0.04μg/L	3	2	GB 8972—89
		2. 藏红T分光光度法	0.01mg/L	3	3	GB 9803—88
98	阴离子洗涤剂	1. 电位滴定法	0.12mg/L	4	2	GB 13199—91
		2. 亚甲蓝分光光度法	0.50mg/L	4	1	GB 7493—87
99	吡啶	气相色谱法	0.031mg/L	3	3	GB 14672—93
100	微囊藻毒素 LR	高效液相色谱法	0.01μg/L	3	3	(2)

第一章　环境监测基础概念及监测方案

续　表

序号	监测项目	分析方法	最低检出浓度(量)	有效数字最多位数	小数点后最多位数(5)	备注
101	粪大肠菌群	1. 发酵法	—	—	—	HJ/T 347—2007
		2. 滤膜法	—	—	—	HJ/T 347—2007
102	细菌总数	培养法				(1)

注：(1) 国家环境保护总局，《水和废水监测分析方法》编委会. 水和废水监测分析方法(第4版).北京：中国环境科学出版社,2002.

(2) 生活饮用水卫生规范. 中华人民共和国卫生部,2001.

(3) 我国尚没有标准方法或达不到检测限的一些监测项目,可采用 ISO、美国 EPA 或日本 JIS 相应的标准方法,但在测定实际水样之前,要进行适用性检验。检验内容包括：检测限、最低检出浓度、精密度、加标回收率等。并在报告数据时作为附件同时上报。

(4) COD、高锰酸盐指数等项目,可使用快速法或现场检测法,但需进行适用性检验。

(5) 小数点后最多位数是根据最低检出浓度(量)的单位选定的,如单位改变,其相应的小数点后最多位数也随之改变。

其中(3)(4)(5)是对表格中内容的解释与补充。

1.4.3　污水监测方案

1. 监测项目

监测项目的确定以评价项目本身排水中的特征污染物为主要对象,还必须依据相关的行业废水污染物排放标准。对于尚未有行业排放标准的项目,可依据《污水综合排放标准》(GB 8978—1996)。

监测项目还应包括废水产生量、排放量、水的重复利用情况等。

2. 监测点位

第一类污染物,包括总汞、烷基汞、总镉、总铬、六价铬、总砷、总铅、总镍、苯并[α]芘、总铍、总银、总 α 放射性、总 β 放射性等 13 项污染因子的采样点一律设在车间或车间处理设施排放口。

第二类污染物采样点位一律设在排污单位的外排口。

如果需要评价污水处理设施的处理效率,则需在处理设施的污水进口和出口同时采样。

3. 采样频次

工业废水按照生产周期和生产特点确定监测频次,生产周期在 8h 以内的,每 2h 采样一次;生产周期大于 8h 的,每 4h 采样一次。24h 不少于 2 次。相关行业排放标准有规定的,应按照标准确定的频次执行。

4. 采样分析方法

执行《地表水和污水监测技术规范》(HJ/T 91—2002)、《水污染物排放总量监测技规范》(HJ/T 92—2002),以及相关排放标准的要求。各种水质监测项目监测分析方法见表1-1。

有自动在线监测设备时,可采用在线监测数据,必要时可做比对实验。

5. 水污染物总量监测

按照《水污染物排放总量监测技术规范》(HJ/T 92—2002)的规定,有四种总量监测的方式。

(1) 物料衡算

日排水量100t以下的排污单位,以物料衡算法、排污系数法统计排污总量。目前尚没有规定排污系数,或物料衡算误差超过30%的,必须按下述(2)执行。

(2) 环境监测与统计相结合

日排水量100～500t的排污单位,每年至少监测4次,即隔季或隔月采样监测,核实排水量、污染物排放浓度及总量,并与统计数据进行核对,误差大于30%时按下述(3)执行。

(3) 等比例采样实验室分析

日排水量500～1000t时,使用连续流量比例采样,或以1h为间隔的时间比例采样。实验室分析混合样。

(4) 自动在线监测

适用于日排水量≥1000t的排污单位。

6. 质量保证和质量控制

(1) 现场质量保证

采样人员应持证上岗;采样时要详细了解排污单位的生产状况,应特别注意样品的代表性;必须保证采样器、采样容器的清洁,避免水样受到沾污;在输送、保存过程中保持待测组分不发生变化,必要时应在现场加入保存剂进行固定,需要冷藏的样品应在低温下保存;采样时需采集不少于10%的现场平行样;应认真填写采样记录,及时做好样品交接工作。

(2) 实验室质量保证

分析人员必须持证上岗;各种计量器具应定期检定,经常维护和正确使用;保证水和试剂的纯度要求;注意实验室环境,防止交叉干扰;校准曲线一般应绘制工作曲线;采用空白试验、平行样、质控样、加标回收等质控措施。

1.4.4 地下水环境质量监测方案

1. 监测项目

选择《地下水质量标准》(GB/T 14848—93)中要求控制的监测项目及下列监测项目:属于建设项目自身排放的主要污染物;在现有监测资料中已被检出超标的污染物;为划分地下水质类型和反映水质特征的常规监测项目(如矿化度、总硬度、钾、钠、钙、镁、硫酸根、氯离子等)。

但在同一水文地质单元、监测点比较密集的地区,可选取其中有代表性的井点取样分析;监测常见的有害物质(如硝酸盐氮、酚、氰、有机氯等)、细菌指标(细菌总数、大肠菌群)。

监测项目还应包括地下水水位、水量、水温等参数。

2. 监测布点

地下水一般呈分层运动,进入地下水的污染物、渗滤液等可沿垂直方向运动,也可沿水平方向运动;同时,各层地下水之间也会发生串流。因此布点时不但要掌握污染源分布、类型和污染物扩散条件,还要弄清地下水的分层和流向等情况。

通常布设两类采样点,即背景值监测井和污染控制监测井。监测井可以是新打的,也可以利用已有的水井。

背景值监测井布设在监测区域未受污染的地段、地下水水流的上方,垂直于水流方向。

污染控制监测井布设在污染源周围不同位置,特别是地下水流向的下游方向。对于点源(如渗坑、渗井)可沿地下水流向布点,以控制污染带长度,同时在垂直于地下水流向布点以控制污染带宽度。线源(如排污沟和已污染的河流)应选择垂直于污染体布点。面源(如灌区)可采用网格法均匀布点。

3. 监测时间和频次

背景值监测井和区域性控制的空隙承压水井在每年枯水期采样监测一次。

污染控制监测井每逢单月采样监测一次,全年 6 次;当每一监测项目连续两年均低于控制标准值的 1/5,且在监测井附近无新增污染源,而现有污染源排污量未增加的情况下,每年可在枯水期采样监测一次;一旦监测结果大于控制标准值的 1/5,或在监测井附近增加新污染源,或现有污染源增加排污量,即恢复原采样频率。

作为生活饮用水集中供水的地下水监测井,每月监测一次。同一水文地质单元的监测井采样时间尽量集中,日期跨度不宜过大。遇到特殊情况或发生污染事故,可能影响地下水水质时,应随时增加采样频率次数。

4. 采样及分析方法

按照《地下水环境监测技术规范》(HJ/T 164—2004)执行。分析方法优先选用国家或行业标准分析方法;尚无国家或行业标准分析方法的监测项目,可选用行业统一分析方法或行业规范;采用经过验证的 ISO、美国 EPA、日本 JIS 等其他等效分析方法,其检出限、准确度、精密度应能达到质控要求。

1.4.5 环境空气质量监测方案

1. 监测因子

常规污染物的应筛选为监测因子,主要包括 SO_2、NO_2、PM_{10}、CO、O_3。根据《环境空气质量标准》(GB 3095—2012),2016 年 1 月 1 日后,监测因子还应包括 $PM_{2.5}$。

凡项目排放的特征污染物有国家或地方环境质量标准的,或者有《工业企业设计卫生标准》(TJ 36—79)中居住区大气中有害物质最高容许浓度的,应筛选为监测因子;对于项目排放的污染物属于毒性较大的,若没有相应环境质量标准,应按照实际情况,选取有代表性的污染物作为监测因子,同时应给出参考标准值和出处。

2. 监测点布设

区域性环境大气质量监测可采用经验法、统计法、模拟法等进行监测站(点)布设。其中经验法是常用的方法,具体包括功能区布点法、网格布点法、同心圆布点法、扇形布点法。

环境影响评价中的大气环境质量现状监测应根据《环境影响评价技术导则大气环境》(HJ 2.2—2008),按照评价等级,采用极坐标布点法在评价范围内布点。

一级评价项目,监测点应包括评价范围内有代表性的环境空气保护目标,点位不少于 10 个。以监测期间所处季节的主导风向为轴向,取上风向为 0°,至少在约 0°、45°、90°、135°、180°、225°、270°、315°方向上各设 1 个监测点,在主导风向下风向距离中心点(或主要排放源)不同距离,加密布设 1~3 个监测点。具体监测点位可根据局地地形条件、风频分布特征,以及环境功能区、环境空气保护目标所在方位做适当调整。各个监测点要有代表性,环境监测值应能反映各环境空气敏感区、各环境功能区的环境质量,以及预计受项目影响的高浓度区的环境质量。各监测期环境空气敏感区的监测点位置应重合。预计受项目影响的高浓度区的监测点位,应根据各监测期所处季节主导风向进行调整。

二级评价项目,监测点应包括评价范围内有代表性的环境空气保护目标,点位不少于 6 个。对于地形复杂、污染程度空间分布差异较大,环境空气保护目标较多的区域,可酌情增加监测点数目。以监测期间所处季节的主导风向为轴向,取上风向为 0°,至少在约 0°、90°、180°、270°方向上各设 1 个监测点,主导风向应加密布点。具体监测点位根据局地地形条件、风频分布特征,以及环境功能区、环境空气保护目标所在方位做适当调整。各个监测点要有代表性,环境监测值应能反映各环境空气敏感区、各环境功能区的环境质量,以及预计受项目影响的高浓度区的环境质量。如需进行二期监测,应与一级项目相同,根据各监测期所处季节主导风向调整监测点位。

三级评价项目,若评价范围内已有例行监测点位,或评价范围内有近 3 年的监测资料,且其监测数据有效性符合环评导则有关规定,并能满足项目评价要求的,可不再进行现状监测,否则,应设置 2~4 个监测点。若评价范围内没有其他污染源排放同种特征污染物的,可适当减少监测点位。以监测期间所处季节的主导风向为轴向,取上风向为 0°,至少在约 0°、180°方向上各设置 1 个监测点,主导风向应加密布点,也可根据局地地形条件、风频分布特征,以及环境功能区、环境空气保护目标所在方位做适当调整。各个监测点要有代表性,环境监测值应能反映各环境空气敏感区、各环境功能区的环境质量,以及预计受项目影响的高浓度区的环境质量。

对于公路、铁路等项目,应分别在各主要集中式排放源(如服务区、车站等大气污染源)评价范围内,选择有代表性的环境空气保护目标设置监测点位。城市道路项目,可不受上述监测点设置数目限制,根据道路布局和车流量状况,并结合环境空气保护目标的分布情况,选择有代表性的环境空气保护目标设置监测点位。监测点的布设还应结合敏感点的垂直空间分布进行设置。

环境空气质量监测点位置的周边环境应符合相关环境监测技术规范的规定。监测点周围空间应开阔，采样口水平线与周围建筑物的高度夹角小于30°；监测点周围应有270°采样捕集空间，空气流动不受任何影响；避开局地污染源的影响，原则上20m内应没有局地排放源；避开树木和吸附力较强的建筑物，一般在15～20m内没有绿色乔木、灌木等。同时还应注意监测点的可到达性和电力保证。

3. 监测时间和频次

一级评价项目应进行二期（冬季、夏季）监测；二级评价项目可取一期不利季节进行监测，必要时应作二期监测；三级评价项目必要时可作一期监测。每期监测时间，至少应取得有季节代表性的7天有效数据，采样时间应符合监测资料的统计要求。对于评价范围内没有排放同种特征污染物的项目，可减少监测天数。

监测时间的安排和采用的监测手段，应能同时满足环境空气质量现状调查、污染源资料验证及预测模式的需要。监测时应使用空气自动监测设备，在不具备自动连续监测条件时，小时浓度监测值应遵循下列原则：一级评价项目每天监测时段，应至少获取当地时间2:00,5:00,8:00,11:00,14:00,17:00,20:00,23:00时8个小时浓度值，二级和三级评价项目每天监测时段，至少获取当地时间2:00,8:00,14:00,20:00时4个小时浓度值。日平均浓度监测值应符合《环境空气质量标准》(GB 3095—2012)对数据的有效性规定，见附录1中表4。

对于部分无法进行连续监测的特殊污染物，可监测其一次浓度值。监测时间须满足所用评价标准值的取值时间要求。

4. 样品采集和分析方法

样品的采集按《环境空气质量自动监测技术规范》(HJ/T 193—2005)和《环境空气质量手工监测技术规范》(HJ/T 194—2005)执行。

涉及《环境空气质量标准》(GB 3095—1996)中各项污染物的监测方法，应符合该标准对监测方法的规定。其他污染物首先选择国家或环保部发布的标准监测方法。对尚未制定环境标准的非常规大气污染物，可参照ISO等国际组织和国内外相应的监测方法，注明方法的适用性及其引用依据，并报请环保主管部门批准。

监测方法的选择，应满足项目监测目的，并注意其适用范围、检出限、有效测定范围等监测要求。各项污染物分析方法见附录1中表3。

5. 气象观测

在进行环境空气质量监测的同时，应测量风向、风速、气温、气压等气象参数，并同步收集项目位置附近有代表性，且与环境空气质量现状监测时间相对应的常规地面气象观测资料。

6. 监测结果统计分析

(1) 以列表的方式给出各监测点大气污染物的不同取值时间的浓度变化范围，计算并列表给出各取值时间最大浓度值占相应标准浓度限值的百分比和超标率，并评价达标情况。

（2）分析大气污染物浓度的日变化规律以及大气污染物浓度与地面风向、风速等气象因素及污染源排放的关系。

（3）分析重污染时间分布情况及影响因素。

1.4.6　固定源废气监测方案

1. 监测项目

根据评价项目的工程分析和相关的大气污染物排放标准确定监测项目。对于尚未有行业排放标准的项目，可依照大气污染物综合排放标准。

2. 监测工况要求

应根据相关污染物排放标准的要求，在其规定的工况条件下进行监测。标准中没有明确规定的，应在生产设备和环保设施处于正常运行状态、工况稳定的情况下进行监测。

3. 采样点位设置

废气污染物排放的监测，应在烟囱和排气筒或排气管道上开设采样孔进行采样。采样孔和测点位置、采样方法按照《固定污染源排气中颗粒物测定和气态污染物采样方法》（GB/T 16157—1996）和《固定源废气监测技术规范》（HJ/T 397—2007）执行。

排气流速测定和颗粒物采样，采样位置应设置在气流平稳的管道，避开烟道弯头和断面急剧变化的部位，优先选择在垂直管段。采样位置距弯头、阀门、变径管下游方向不小于6倍直径和距上述部件上游方向不小于3倍直径处。

在排气管道的采样断面上，分成适当数量的等面积同心环（圆形管道，见图1-1）或矩形小块（矩形管道，见图1-2），各测点选在各环等面积中心线与通过采样孔直径的交点或各矩形小块的中心。

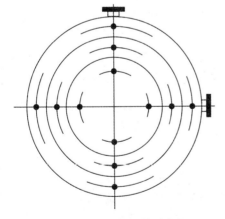

图1-1　圆形断面的测定点

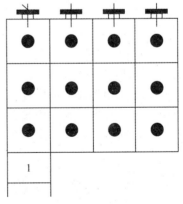

图1-2　矩形断面的测定点

对于气态污染物，由于混合比较均匀，其采样位置可不受上述规定限制，但应避开涡流区。如果同时测定排气流量，采样位置仍按前述选取。

在测定废气处理设施的净化效率时，要分别在处理设施进口和出口管道上开设采样孔，同步进行采样监测。

4. 采样和分析方法

采样和分析方法应采用国家或行业的标准方法。颗粒物用滤筒采样,重量法测定。样品消解处理后,可用原子吸收分光光度法或电感耦合等离子体原子发射光谱法对其中的重金属成分进行分析。气态污染物用吸收溶液采集后,使用分光光度法分析。二氧化硫、氮氧化物、一氧化碳等也可以用便携式仪器在现场监测。有机污染物可用吸附管或注射器采样,气相色谱法分析。

5. 采样频次和采样时间

相关标准中对采样频次和采样时间有规定的,按标准的规定执行。否则,一般情况下,排气筒中废气的采样,以连续 1h 的采样获取平均值;或在 1h 内,以等时间间隔采集 3 或 4 个样品,计算平均值。

6. 数据处理

废气污染物测量结果一般以标准状态下的干排气浓度表示,即温度为 273K(0℃)、压强为 101.3kPa 条件下,不含水分的排气中污染物浓度(mg/m^3)。同时,要报出污染物的排放速率(kg/h)。因此在采样监测时,必须同时测定排气温度、压力、水分含量等参数,以及排气的流速和流量。

对火电厂、锅炉、工业炉窑、焚烧炉等进行监测时,要同时测定烟气中的含氧量。污染物的实测浓度要按相关排放标准规定的烟气过量空气系数、掺风系数进行折算,得到排放浓度,作为监测结果报出。

7. 质量保证和质量控制

污染源废气监测是环境监测中最为困难的领域之一,要尽可能采集到均匀的有代表性的样品,防止排气中气体和水分的冷凝、采集管的粘附等造成样品的损失。对采样工况的监督、流量计的校准、采样系统的检漏、质控样的分析等都是质量控制的基本要求。

1.4.7　大气污染物无组织排放监测方案

无组织排放指大气污染物不经过排气筒的无规则排放。无组织排放源是指设置于露天环境中具有无组织排放的设施,或指具有无组织排放的建筑构造(如车间、工棚等)。露天煤场和干灰场也属于无组织排放源。

1. 监测项目

根据建设项目工程分析,明确无组织排放的主要污染物种类,并依照相关行业污染物排放标准或《大气污染物综合排放标准》(GB 16297—1996)确定监测项目。

2. 监测工况要求

被测无组织排放源的排放负荷应处于相对较高的状态,至少要处于正常生产和排放状态。

3. 气象条件

监测期间的风向变化、平均风速和大气稳定度三项指标对污染物的稀释和扩散影响很大,通常较适宜进行无组织排放监测的气象条件为:10min 平均风向的标准差小于300;平均风速小于 3m/s;大气稳定度为 F、E 和 D。

4. 采样点位设置

按照《大气污染物无组织排放监测技术导则》(HJ/T 55—2000)规定执行。

在二氧化硫、氮氧化物、颗粒物和氟化物无组织排放源下风向设监控点,同时在上风向设参照点。监控点设在无组织排放源下风向 2～50m 范围内的浓度最高点,相对应的参照点设在排放源上风向 2～50m 范围内。

对其余污染物,在单位周界外设监控点,监控点设在单位周界外 10m 范围内的浓度最高点。按规定监控点最多可设 4 个,参照点只设 1 个。

5. 监测时间和频次

无组织排放监控点和参照点监测的采样,一般采用连续 1h 采样计平均值;若污染物浓度过低,需要时可适当延长采样时间;若分析方法灵敏度高,仅需用短时间采集样品时,应实行在 1h 内等时间间隔采样,采集 4 个样品计平均值。

6. 监测结果计算

以监控点中的浓度最高点测值与参照点浓度之差值,或周界外浓度最高点浓度值作为监测结果。

1.4.8 环境噪声监测方案

根据监测目的和对象的不同,分别按照环境影响评价技术导则和下列相关标准或方法的最新版本执行,包括《声环境质量标准》(GB 3096—2008)、《工业企业厂界环境噪声排放标准》(GB 12348—2008)、《社会生活环境噪声排放标准》(GB 22337—2008)、《机场周围飞机噪声测量方法》(GB/T 9661—1988)、《建筑施工场噪声测量方法》(GB 12524—1990)、《铁路边界噪声限值及其测量方法》(GB 12525—90)等。

1. 环境噪声监测

(1)环境噪声现状监测布点原则

① 声环境现状测量点布置一般要覆盖整个评价范围,但重点要布置在现有噪声源对敏感区有影响的那些点上。

楼房建筑要增加垂直声场分布测点,视情况可间隔一层、二层布点或逐层布点。

② 对于建设项目包含多个呈现点声源性质的情况,环境噪声现状测量点应布置在声源周围;靠近声源处的测量点密度应高于距声源较远处的测量点密度。

③ 对于建设项目呈线状声源性质的情况,应根据噪声敏感区域分布状况和工程特点确定若干噪声测量断面,在各个断面上距声源不同距离处布置一组测量点(如 15m,30m,60m,120m,240m。)

④ 对于新建工程,当评价范围内没有明显的噪声源(如没有工业噪声、道路交通噪声、飞机噪声和铁路噪声)且声级较低[<50dB(A)],噪声现状测量点可以大幅度减少或不设测量点。

（2）环境噪声测点选择

根据监测对象和目的,可选择以下三种测点条件(指传声器所在位置)进行环境噪声的测量:

① 一般户外距离任何反射面(地面除外)至少 3.5m,距地面高度 1.2m 以上。必要时可置于高层建筑上,以扩大监测受声面积。使用监测车辆测量传声器应固定在车顶部 1.2m 高度处。

② 噪声敏感建筑物户外在噪声敏感建筑物外,距墙壁或窗户 1m 处,距地面高度 1.2m 以上。

③ 噪声敏感建筑物室内距墙壁和其他反射面至少 1m,距窗约 1.5m,距地面 1.2～1.5m 高。

（3）测量时段

应在声源正常运行工况的条件下测量。每一测点,应分别进行昼间、夜间的测量。对于噪声起伏较大的情况(如道路交通噪声、铁路噪声、飞机机场噪声)应增加昼间、夜间的测量次数。

（4）气象条件

测量应在无雨雪、无雷电天气,风速 5m/s 以下时进行。

（5）监测类型和方法

根据监测对象和目的,环境噪声监测分为声环境功能区监测和噪声敏感建筑物监测两种类型。分别采用《声环境质量标准》(GB 3096—2008)附录 B 和附录 C 规定的监测方法。

2. 工厂企业厂界噪声监测

（1）测量条件

测量应在无雨雪、无雷电天气,风速 5m/s 以下时进行。不得不在特殊气象条件下测量时,应采取必要措施保证测量准确性,同时注明当时所采取的措施及气象情况。测量应在被测声源正常工作时间进行,同时注明当时的工况。

（2）测点位置

① 测点布设:根据工业企业声源、周围噪声敏感建筑物的布局以及毗邻的区域类别,在工业企业厂界布设多个测点,其中包括距噪声敏感建筑物较近以及受被测声源影响大的位置。

② 测点位置一般规定:一般情况下,测点选在工业企业厂界外 1m、高度 1.2m 以上、距任一反射面距离不小于 1m 的位置。

③ 测点位置其他规定:

a. 当厂界有围墙且周围有受影响的噪声敏感建筑物时,测点应选在厂界外 1m、高于围墙 0.5m 以上的位置。

b. 当厂界无法测量到声源的实际排放状况(如声源位于高空,厂界设有声屏障等),应按②设置测点,同时在受影响的噪声敏感建筑物户外 1m 处另设测点。

c. 室内噪声测量时,室内测量点位设在距任一反射面至少 0.5m 以上、距地面 1.2m 高度处,在受噪声影响方向的窗户开启状态下测量。

d. 固定设备结构传声至噪声敏感建筑物室内,在噪声敏感建筑物室内测量时测点应距任一反射面至少 0.5m 以上,距地面 1.2m,距外窗 1m 以上,窗户关闭状态下测量。被测房屋内的其他可能干扰测量的声源应关闭。

当厂界与噪声敏感建筑物距离小于 1m 时,厂界环境噪声应在噪声敏感建筑物的室内测量,并将相应限值减 10dB(A)作为评价依据。

（3）测量时段

分别在昼间、夜间两个时段测量。夜间有频发、偶发噪声影响时测量最大声级。被测声源是稳态噪声,采用 1min 的等效声级。被测声源是非稳态噪声,测量被测声源有代表性时段的等效声级,必要时测量被测声源整个正常工作时段的等效声级。

（4）背景噪声测量

测量环境不受被测声源影响且其他声环境与测量被测声源保持一致。测量时段与被测声源的时间长度相同。

（5）测量结果修正

① 噪声测量值与背景噪声值相差大于 10dB(A)时,噪声测量值不做修正。

② 噪声测量值与背景噪声值相差在 3～10dB(A)时,噪声测量值与背景噪声值的差值取整后,按表 1-2 所示进行修正。

表 1-2　测量结果修正表

差值	3	4～5	6～10
修正值	－3	－2	－1

③ 噪声测量值与背景噪声值相差小于 3dB(A)时,应采取措施降低背景噪声后,视情况按①或②执行。仍无法满足前两款要求的,应按环境噪声监测技术规范有关规定执行。

（6）测量结果评价

各个测点的测量结果应单独评价。同一测点每天的测量结果按昼间、夜间进行评价。最大声级 L_{max} 直接评价。

3. 建筑施工厂界噪声监测

（1）测量条件

测量应选在无雨、无雪的气候时进行。当风速超过 1m/s 时,要求测量时加防风罩;如风速超过 5m/s 时,应停止测量。测量期间,各施工机械处于正常运行状态,并应包括不断进入或离开场地的车辆,以及在施工场地运转的车辆,这些都属于施工场地范围以内的建筑施工活动。

（2）测点位置

根据被测建筑施工场地的建筑作业方位和活动形式,确定噪声敏感建筑或区域的方位,并在建筑施工场地边界线上选择离敏感建筑物或区域最近的点作为测点。由于敏感建筑物方位不同,对于一个建筑施工场地,可同时有几个测点。传声器处于距地面 1.2m 的边界线敏感处。如果边界处有围墙,也可将传声器置于 1.2m 以上高度。

（3）测量时段

分别在昼间、夜间两个时段测量。

（4）背景噪声

当建筑场地停止施工时测量背景噪声。背景噪声应比测量噪声低 10dB（A）以上，若测量值与背景噪声值相差小于 10dB（A），按标准规定进行修正。

1.4.9　城市区域环境振动测量

按照《城市区域环境振动测量方法》（GB 10071—88）执行。

（1）测量量

测量量为铅垂向 Z 振级。

（2）测量方法和评价量

采用的仪器时间计权常数为 1s。对于稳态振动，每个测点测量一次，取 5s 内的平均示数作为评价量；对于冲击振动，取每次冲击过程中最大示数作为评价量；对于重复出现的冲击振动，以 10 次读数的算术平均值作为评价量；

对于无规则振动，每个测点等间隔地读取瞬时示数，采样间隔不大于 5s，连续测量时间不少于 1000s，以测量数据的 VLz10（累积百分 Z 振级）值为评价量。

对于铁路振动，读取每次列车通过过程中的最大示数，每个测点连续测量 20 次列车，以 20 次读数的算术平均值为评价量。

（3）测点位置

测点置于建筑物室外 0.5m 以内振动敏感处。必要时，测点置于建筑物室内。

（4）振动传感器的位置

① 振动传感器应平稳地安放在平坦、坚实的地面上。避免置于如草地、砂地、雪地或地毯等松软的地面上。

② 振动传感器的灵敏度主轴方向应与测量方向一致。

（5）测量条件

测量时振源应处于正常工作状态。测量应避免足以引起环境振动测量值的其他环境因素，如剧烈的温度梯度变化、强电磁场、强风、地震或其他非振动污染源引起的干扰。

1.4.10　土壤环境监测方案

1. 监测项目

根据环评项目的特征污染因子和《土壤环境质量标准》（GB 15618—1995），确定监测项目。

此外，土样监测项目，还可按土壤评价工作的需要确定。目前土壤本底值调查一般分析重金属元素、微量元素、农药及其他污染物质。

2. 采样单元与布点

由于土壤本身在空间分布上具有不均一性，所以一个采样单元是指由若干个不同方位上的样品经过均匀混合后所得到的样品。

采样点的数量和间距大小可依评价调查的目的和条件而定,一般是靠近污染源的采样点间距小些,远离污染源的采样点间距可稍大些。对照点应设在远离污染源、不受其影响的地方。

按照《土壤环境监测技术规范》(HJ/T 166—2004),混合样的采样主要有四种方法:

(1)对角线法

适用于污灌农田土壤,对角线分 5 等份,以等分点为采样分点。

(2)梅花点法

适用于面积较小、地势平坦、土壤组成和受污染程度相对比较均匀的地块,设分点 5 个左右。

(3)棋盘式法

适宜中等面积、地势平坦、土壤不够均匀的地块,设分点 10 个左右;受污泥、垃圾等固体废物污染的土壤,分点应在 20 个以上。

(4)蛇形法

适宜于面积较大、土壤不够均匀且地势不平坦的地块,设分点 15 个左右,多用于农业污染型土壤。

3. 样品采集及土样制备

采样点可采表层样或土壤剖面。一般监测采集表层土,采样深度 0~20cm。特殊要求的监测(土壤背景、环评、污染事故等)必要时选择部分采样点采集剖面样品。剖面的规格一般为长 1.5m,宽 0.8m,深 1.2m。挖掘土壤剖面要使观察面向阳,表土和底土分两侧放置。

取样时应除去接触铁铲部分的土壤,以免污染。每个土样约取 1kg。采到的土壤样品应先挑出石块、木棒、树叶等非土壤物质,即剔除异物之后,经混匀再用四分法缩分得到有代表性的土壤。

土壤污染主要是由受污染的大气和水体、工业废弃物和施用化肥农药造成的,污染物进入土壤后流动、混合较难,因而污染土壤的不均匀性更强。实践表明,土壤监测中采样误差往往超过分析误差对结果的影响。在污染土壤样品的采样中,区域面积为 1000~1500hm² 时,应至少布设 5~10 个采样点,同时要在未受污染的地区或地段布设 3~5 个对照点,且对照点与采样点的土壤类型必须完全相同,耕作情况和植被与样品土壤相近似。如果只是一般了解土壤污染的深度,则应按土壤剖面层次分层采样。这类土壤的采样量应大些,经反复按四分法缩分,最后留下所需的土壤量。如果调查气型污染,至少每年采样一次;调查水型污染,可在灌溉前、后分别采样测定;观察化肥或农药的污染,可在施用化肥或农药后采样测定。

当测定除 Hg、As 之外的重金属如 Pb、Cd 等时,将土样风干或烘后称量,适当土样用酸消解后测定;由于 Hg、As 易挥发,只能风干后称样消解测定,千万不可烘干。这类土样使用聚乙烯袋封装。

在测定 DDT、六六六及有机污染物时,土壤不能风干,否则测定成分会挥发损失。应测定含水分的原始湿样,经索氏提取后测定,同时测量含水量,扣除失水后以干基表示其含量。这类土样不能用布袋封装,应装入棕色磨口玻璃瓶中。

　　4. 分析方法和质量控制

　　根据《土壤环境监测技术规范》(HJ/T166—2004),土壤分析方法可分为三个层次:

　　第一种方法:标准方法(即仲裁方法),按土壤环境质量标准中选配的分析方法。

　　第二种方法:由权威部门规定或推荐的方法。

　　第三种方法:根据各地实情,自选等效方法,但应作标准样品验证或比对实验,其检出限、准确度、精密度不低于相应的通用方法要求水平或待测物准确定量的要求。

　　一般需要分析土壤中重金属元素、微量元素、农药及其他污染物质的含量。土壤样品消解或提取等制样过程的误差是监测结果误差的主要来源。因此,在处理土样时必须同时用标准土壤进行分析全过程的质量控制。

　　平行双样、加标样不少于10%是必须达到的质控要求。此外全程序空白,方法检测限都应同时确定。

1.5　实验室用水

1.5.1　蒸馏水

　　水的质量因蒸馏器的材料与结构而异,水中常含有可溶性气体和挥发性物质。制备蒸馏水的设备主要包括金属蒸馏器、玻璃蒸馏器、石英蒸馏器、亚沸蒸馏器。利用不同蒸馏器制备的蒸馏水性能如下:

　　(1)用金属蒸馏器所获得的蒸馏水含有微量金属杂质,如含 Cu^{2+} 的质量分数为 $10 \times 10^{-6} \sim 200 \times 10^{-6}$,电阻率小于 $0.1 M\Omega \cdot cm(25℃)$。只适用于清洗容器和配制一般试液。

　　(2)玻璃蒸馏器由含低碱高硅硼酸盐的“硬质玻璃”制成。经玻璃蒸馏器蒸馏所得的水中含痕量金属,电阻率约为 $0.5 M\Omega \cdot cm$。适用于配制一般定量分析试液,不宜用于配制分析重金属或痕量非金属试液。

　　(3)用石英蒸馏器所得蒸馏水仅含痕量金属杂质,不含玻璃溶出物,电阻率约为 $2 \sim 3 M\Omega \cdot cm$。特别适用于配制对痕量非金属进行分析的试液。

　　(4)亚沸蒸馏器是由石英制成的自动补液蒸馏装置。所得蒸馏水几乎不含金属杂质(超痕量)。适用于配制除可溶性气体和挥发性物质以外的各种物质的痕量分析用试液。

1.5.2　去离子水

　　去离子水是用阳离子交换树脂和阴离子交换树脂以一定形式组合进行水处理。去离子水含金属杂质极少,适于配制痕量金属分析用的试液,因它含有微量树脂浸出物和树脂崩解微粒,所以不适于配制有机分析试液。

　　用自来水作为原水时,由于自来水含有一定余氯,能氧化破坏树脂使之很难再生,因此进入交换器前必须充分曝气。自然曝气夏季约需一天,冬季需三天以上,如急用可煮沸、搅拌、充气,并冷却后使用。湖水、河水和塘水作为原水应仿照自来水先做沉淀、过滤等净化处理。含有大量矿物质、硬度很高的井水应先经蒸馏或电渗析等步骤去除大量无机盐,以延长树脂使用周期。

1.5.3 无氯水

加入亚硫酸钠等还原剂将水中余氯还原为氯离子,以联邻甲苯胺检查不显黄色。用附有缓冲球的全玻璃蒸馏器(以下各项的蒸馏同此)进行蒸馏制得。

1.5.4 无氨水

加入硫酸至 pH<2,使水中各种形态的氨或胺均转变成不挥发的盐类,收集馏出液即得,但应注意避免实验室空气中存在的氨重新污染。

1.5.5 无二氧化碳水

1. 煮沸法

将蒸馏水或去离子水煮沸至少 10min(水多时),或使水量蒸发 10%以上(水少时),加盖放冷即得。

2. 曝气法

用惰性气体或纯氮通入蒸馏水或去离子水至饱和即得。

制得的无二氧化碳水应贮于以附有碱石灰管的橡皮塞盖严的瓶中。

1.5.6 无铅(重金属)水

用氢型强酸性阳离子交换树脂处理原水即得。所用贮水器事先应用6mol/L硝酸溶液浸泡过夜,再用无铅水洗净。

1.5.7 无砷水

一般蒸馏水和去离子水均能达到基本无砷的要求。应避免使用软质玻璃制成的蒸馏器、贮水瓶和树脂管。进行痕量砷分析时,必须使用石英蒸馏器、石英贮水瓶、聚乙烯的树脂管。

1.5.8 无酚水

1. 加碱蒸馏法

加氢氧化钠至水的 pH>11,使水中的酚生成不挥发的酚钠后蒸馏即得;也可同时加入少量高锰酸钾溶液至水呈深红色后进行蒸馏。

2. 活性炭吸附法

将粒状活性炭在 150~170℃烘烤 2h 时以上进行活化,放在干燥器内冷至室温。装入预先盛有少量水(避免炭粒间存留气泡)的层析柱中,使蒸馏水或去离子水缓慢通过柱床。其流速视柱容大小而定,一般 1min 以不超过 100mL 为宜。开始流出的水(略多于装柱时预先加入的水量)需再次返回柱中,然后正式收集。此柱所能净化的水量,一般约为所用炭粒表观容积的一千倍。

1.5.9　不含有机物的蒸馏水

加入少量高锰酸钾碱性溶液,使水呈紫红色,进行蒸馏即得。若蒸馏过程中红色褪去,应补加高锰酸钾。

第二章 环境监测数据的统计处理及评价

2.1 环境监测数据的统计处理

环境监测中所得到的许多物理、化学和生物学数据,是描述和评价环境质量的基本依据。考虑监测系统的条件限制、操作人员技术水平的差异、测试值与真值之间的差异、环境污染的流动性、变异性以及与时空关系等种种因素,综合决定某一区域的环境质量。例如,描述某一河流的环境质量,必须对整条河流按规定布点,以一定频率测定,根据大量数据综合才能表述它的环境质量,所有这一切均需通过统计学处理。

2.1.1 统计学基本概念

1. 误差和偏差

（1）真值

在某一时刻和某一位置或状态下,某量的效应体现出客观值或实际值称为真值。

（2）误差

测量值与真值不一致,这种矛盾在数值上的表现即为误差。

误差按其性质和产生原因,可分为系统误差、随机误差和过失误差。

① 系统误差:又称可测误差、恒定误差或偏倚,指测量值的总体均值与真值之间的差别,是由测量过程中某些恒定因素造成的,在一定条件下具有重现性,并不因增加测量次数而减少系统误差,它的产生可以是方法、仪器、试剂、恒定的操作人员和恒定的环境所造成。

② 随机误差:又称偶然误差或不可测误差。是由测定过程中各种随机因素的共同作用所造成,随机误差遵从正态分布规律。

③ 过失误差:又称粗差。是由测量过程中犯了不应有的错误所造成,它明显地歪曲测量结果,因而一经发现必须及时改正。

④ 误差的表示方法:分绝对误差和相对误差。绝对误差是测量值(x_i,单一测量值或多次测量的均值)与真值(x)之差,有正负之分。

$$绝对误差 = x_i - x$$

相对误差指绝对误差与真值之比(常以百分数表示)。

相对误差更能反映测定结果的准确度。但在实际应用中,常采用回收率表示方法的准确度。

回收率 P 按下式计算:

$$回收率\ P = \frac{加标式样测定值－式样测定值}{加标量} \times 100\%$$

2. 偏差

偏差分为绝对偏差、相对偏差、平均偏差、相对平均偏差和标准偏差等。

绝对偏差(d)是测定值与均值之差,表示为:

$$d_i = x_i - \bar{x} \qquad i = 1, 2 \cdots n$$

相对偏差是绝对偏差与均值之比(常以百分数表示):

$$相对偏差 = \frac{d}{\bar{x}} \times 100\%$$

平均偏差是绝对偏差绝对值之和的平均值:

$$平均偏差 = \frac{\sum d_i}{n}$$

相对平均偏差是平均偏差与均值之比(常以百分数表示):

$$相对平均偏差 = \frac{\bar{d}}{\bar{x}} \times 100\%$$

样本的标准偏差,用 S 表示,计算公式为:

$$S = \sqrt{\frac{\sum (x_i - \bar{x})^2}{n-1}} \ (n < 20)$$

样本方差,用 S^2 表示:

$$S^2 = \frac{\sum (x_i - \bar{x})^2}{n-1}$$

相对标准差,又称变异系数,是样本标准偏差在样本均值中所占的百分数,记为 CV。

$$CV = \frac{S}{\bar{x}} \times 100\%$$

极差,指一组测量值中最大值($x_{\max}$)与最小值($x_{\min}$)之差,表示误差的范围,以 R 表示。

$$R = x_{\max} - x_{\min}$$

3. 均值

平均值代表一组变量的平均水平或集中趋势,样本观测中大多数测量值是靠近的。平均值表示集中趋势,当监测数据是正态分布时,其算术均数、中位数和众数三者重合。

① 算术平均值:简称均数,是最常用的平均数。其定义为:所有测定值的总和除以测定次数。

设样本的 n 个测定值为 $x_1, x_2, \cdots, x_n$,其算术平均值 $\bar{x}$ 的定义为所有测定值的总和除以测定次数,其计算式为:

$$\bar{x} = \frac{x_1 + x_2 + \cdots + x_n}{n} = \frac{1}{n} \sum_{i=1}^{n} x_i$$

算术平均值是最常用的反映样本数据中心趋势的特征数。但它易受到样本数据中特大或特小值的影响。对于服从正态分布的数据,算术平均值代表了数据中心趋势的典型水平。对于不服从正态分布的数据,算术平均值往往不反映数据中心趋势的典型水平。这是我们在应用算术平均值对样本进行统计分析时需要注意的问题。

② 几何平均值:当变量呈等比关系,常需用几何均数,几何平均值的定义是 n 个测定值乘积的 n 次方根。

设 n 个样本的测定值为 $x_1, x_2, \cdots, x_n$,其几何平均值 $\overline{x}_G$ 的计算式为:

$$\overline{x}_G = \sqrt[n]{x_1 \times x_2 \times \cdots \times x_n}$$

③ 加权算术值:一组样本数为 n 的测定值的加权平均值是 n 个数加权总和除以 n 个权重总和。设 n 个样本的测定值为 $x_1, x_2, \cdots, x_n$,其相应的权重为 $\omega_1, \omega_2, \cdots, \omega_n$,则该样本的加权算术平均值 $\overline{x}_\omega$ 为:

$$\overline{x}_\omega = \frac{\sum\limits_{i=1}^{n}(\omega_i x_i)}{\sum\limits_{i=1}^{n}\omega_i}$$

④ 中位数:将各数据按大小顺序排列,位于中间的数据即为中位数。若样本 n 为奇数,则样本的中位数为 $\dfrac{n+1}{2}$ 个值,即处于中间位置的测定值;若样本 n 为偶数,取中间两数的平均值,即第 $\dfrac{n+1}{2}$ 个值和第 $\dfrac{n}{2}$ 个值的平均值。

⑤ 众数:一组数据中出现次数最多的一个数据。

2.1.2 数据的处理和结果表述

1. 有效数字

在有效数字中,只有最后一位数字是可疑的,其他各数字都是确定的,是实际上能测到的数字。数据的位数和测定准确度有关。记录的数字不仅表示数量的大小,而且要正确地反映测量的准确度。例见表 2-1。

表 2-1　有效数字举例

结果	绝对误差	相对误差	有效数字
0.51800	±0.00001	±0.002%	5
0.5180	±0.0001	±0.02%	4
0.518	±0.001	±0.2%	3

2. 数据中零的作用

数字零具有双重作用

(1) 作普通数字用

如 0.5180,4 位有效数字为 5.810×10^{-1}。

（2）作定位用

如 0.0518,3 位有效数字为 5.18×10^{-2}。

3. 有效数字注意点

（1）改变单位不能改变有效数字的位数,如 24.01mL,24.01×10^{-3} L,2.401×10^{-2} L。

（2）容量器皿(滴定管、移液管、容量瓶)的测量值用 4 位有效数字表示,如 15.10mL;分析天平(万分之一)的测量值用 4 位有效数字表示,如 0.5000g;标准溶液的浓度用 4 位有效数字表示,如 0.1000mol/L NaOH 标准溶液。

4. 运 算 规 则

（1）加减运算

以绝对误差最大(小数点位数最少)的数据为依据,使结果只有一位可疑数字,如 $0.0121 + 25.64 + 1.057 = 26.71$。

（2）乘除运算

有效数字的位数取决于相对误差最大(有效数字位数最少)的数据位数,如 $(0.0325 \times 5.103 \times 60.0)/139.8 = 0.0711$。

（3）注意事项

分数、比例系数、实验次数等不记位数;第一位数字大于 8 时,多取一位,如 8.48,按 4 位算;pH 及对数值计算,有效数字按小数点后的位数保留(小数点后的数字位数为有效数字位数)。如 pH=2.299,三位有效数字为 $[H^+] = 5.02 \times 10^{-3}$ mol/L;$\lg X = 2.38$,两位有效数字为 $X = 2.4 \times 10^2$。

5. 数据修约规则

各种测量、计算的数据需要修约时,应遵守下列规则:四舍六入五考虑,五后非零则进一,五后皆零视奇偶,五前为偶应舍去,五前为奇则进一。

【例】 将下列数据 14.3426、14.2631、14.2501、14.2500、14.0500、14.1500 修约到只保留一位小数。

答:14.3426 修约结果为 14.3;14.2631 修约结果为 14.3;14.2501 修约结果为 14.3;14.2500 修约结果为 14.2;14.0500 修约结果为 14.0;14.1500 修约结果为 14.2。

6. 监测数据的判断和使用

监测数据是环境监测的产品。从质量保证和质量控制的角度出发,为了使监测数据能够准确地反映环境质量和污染物排放的状况,预测污染的发展趋势,要求环境监测数据具有代表性、准确性、精密性、可比性和完整性。环境监测数据的"五性"反映了对监测工作的质量要求,是判定监测数据质量水平的重要依据。对于监测数据的合理性判断是监测人员必须具备的能力和素质,这就要求对监测的对象要有较深入的了解,积累较多的相关知识。

（1）监测方法的检出限是指特定分析方法在给定的置信度内可从样品中检出待测物质的最小浓度或最小量。所谓"检出"是指定性检出,即判定样品中存有浓度高于空白的待测物质。检出限除了与分析中所用试剂和水的空白有关外,还与仪器的稳定性及噪声水平有关。

在测定误差能满足预定要求的前提下,用特定方法能准确地定量待测物质的最小浓度或量,称为该方法的测定下限。我国规定三倍检出限为测定下限。在测定误差能满足预定要求的前提下,用特定方法能准确地定量待测物质的最大浓度或量,称为该方法的测定上限。在限定误差能满足预定要求的前提下,特定方法的测定下限至测定上限之间的浓度范围称为最佳测定范围,也称有效测定范围。在此范围内能够准确地定量测定待测物质的浓度或量。

为了准确测定污染物浓度,在选择监测方法时,应使待测物质的浓度落在方法最佳测定范围之内。如果污染物浓度低于方法的测定下限,监测结果就不可能准确可靠,甚至测不出来;如果污染物浓度高于方法的测定上限,就必须对样品进行稀释处理,增加了工作量,引进了测量误差。

(2) COD 是在《化学需氧量的测定重铬酸钾法》(GB 11914—89)规定的条件下能够被 $K_2Cr_2O_7$ 氧化的物质,其中有绝大部分有机物和硫化物、$NO_2^- - N$、Fe^{2+} 等无机物。因此,不能认为 COD 是有机污染指标。同样 DO 也是水中需氧性物质的指标,也不仅指有机物。

一般任何地表水和污水测得的 COD 和 BOD 值,必须是 COD>BOD。只有酿造行业污水 BOD 和 COD 值很接近,但也不可能超过 COD 值,因为任何可生化降解的污染物都能被 $K_2Cr_2O_7$ 氧化。例如,某造纸厂排水中 CODcr 和 BOD 监测值分别为121.03mg/L 和 138.05mg/L,这显然不合理。其一是 BOD>COD;其二是没考虑检测限,小数之后不可能真正测出那么多位数。究其原因是水样没有代表性,即悬浮物(木质素、纤维等)影响了测定结果。

一般情况下 DO 最高不能超过 14.6mg/L,当 DO>8mg/L,COD 和 BOD 测定值应在定量下限附近;反之如果 COD 和 BOD 较高,则 DO 应很低,否则数据不合理。一般把 COD、BOD 和 DO 称为"三氧"。

"三氮"指亚硝酸氮、硝氮和氨氮,水中除"三氮"之外,还含有有机氮。因此,总氮是有机氮和无机氮之和。"三氮"往往难以测定准确,因为 $NO_2^- - N$、$NO_3^- - N$、$NH_3 - N$ 之间是氧化-还原体系,其存在形态与水中氧化性物质的存在情况相关。如果同一个污水样中 $NH_3 - N$ 大于总氮肯定是不合理的。

7. 可疑数据的取舍

与正常数据不是来自同一分布总体,明显歪曲试验结果的测量数据,称为离群数据。可能会歪曲试验结果,但尚未经检验断定其是离群数据的测量数据,称为可疑数据。

在数据处理时,必须剔除离群数据以使测定结果更符合客观实际。正确数据总有一定分散性,如果人为地删去一些误差较大但并非离群的测量数据,由此得到的精密度很高的测量结果并不符合客观实际。因此对可疑数据的取舍必须遵循一定的原则。

测量中发现明显的系统误差和过失误差,由此而产生的数据应随时剔除。而可疑数据的舍取应采用统计方法判别,即离群数据的统计检验。检验的方法很多,现介绍最常用的两种:

8. 狄克松(Dixon)检验法

此法用于一组测量值的一致性检验和剔除离群值。本法中对最小可疑值和最大可疑值进行检验的公式因样本容量(n)不同而异。检验方法如下：

(1) 将一组测量数据按从小到大顺序排列为 $x_1, x_2, \cdots, x_n$。x_1 和 x_n 分别为最小可疑值和最大可疑值。

(2) 按表 2-2 计算式求 Q 值。

(3) 根据给定的显著性水平(α)和样本容量(n)，从表 2-3 查得临界值(Q_a)。

(4) 若 $Q \leqslant Q_{0.05}$，则可疑值为正常值；若 $Q_{0.05} < Q \leqslant Q_{0.01}$，则可疑值为偏离值；若 $Q > Q_{0.02}$，则可疑值为离群值。

表 2-2 狄克松检验法 Q 值计算式

n	可疑数据最小值为 x_1 时	可疑数据为最大值 x_n 时	n	可疑数据最小值为 x_1 时	可疑数据为最大值 x_n 时
3～7	$Q=\dfrac{x_2-x_1}{x_n-x_1}$	$Q=\dfrac{x_n-x_{n-1}}{x_n-x_1}$	11～13	$Q=\dfrac{x_3-x_1}{x_{n-1}-x_2}$	$Q=\dfrac{x_n-x_{n-2}}{x_n-x_2}$
8～10	$Q=\dfrac{x_2-x_1}{x_{n-1}-x_1}$	$Q=\dfrac{x_n-x_{n-1}}{x_n-x_2}$	14～25	$Q=\dfrac{x_3-x_1}{x_{n-2}-x_1}$	$Q=\dfrac{x_n-x_{n-2}}{x_n-x_3}$

表 2-3 狄克松检验法临界值(Q_n)

n	显著性水平(α) 0.05	0.01	n	显著性水平(α) 0.05	0.01
3	0.941	0.988	15	0.525	0.616
4	0.765	0.889	16	0.507	0.595
5	0.642	0.780	17	0.490	0.577
6	0.560	0.698	18	0.475	0.561
7	0.507	0.637	19	0.462	0.547
8	0.554	0.683	20	0.450	0.535
9	0.512	0.635	21	0.440	0.524
10	0.477	0.597	22	0.430	0.514
11	0.576	0.679	23	0.421	0.505
12	0.546	0.642	24	0.413	0.497
13	0.521	0.615	25	0.406	0.489
14	0.546	0.641			

9. 格鲁布斯(Grubbs)检验法

此法适用于检验多组测量值均值的一致性和剔除多组测量值中的离群均值；也可以

用于检验一组测量值的一致性和剔除一组测量值中的离群值,方法如下:

(1) 有一组测量值,每组 n 个测量值的均值分别为 $\bar{x}_1, \bar{x}_2, \cdots, \bar{x}_i, \cdots, \bar{x}_n$,其中最大均值记为 $\bar{x}_{max}$,最小均值记为 $\bar{x}_{min}$。

(2) 由 1 个均值计算总均值($\bar{x}$)和标准偏差($S_{\bar{x}}$);

$$\bar{x} = \frac{1}{i} \sum_{i-1}^{i} \bar{x}_i$$

$$S_{\bar{x}} = \sqrt{\frac{1}{1-i} \sum_{i-1}^{i} (\bar{x}_i - \bar{x})^2}$$

(3) 可疑值为最大均值($\bar{x}_{max}$)时,按下式计算统计量(T):

$$T = \frac{\bar{x}_{max} - \bar{x}}{S_{\bar{x}}}$$

可疑值为最小均值($\bar{x}_{min}$)时,按下式计算统计量(T):

$$T = \frac{\bar{x} - \bar{x}_{min}}{S_{\bar{x}}}$$

(4) 根据测量值组数和给定的显著性水平(α)从表 2-4 查得临界值(T_α)。

(5) 若 $T \leqslant T_{0.05}$,则可疑均值为正常均值;若 $T_{0.05} < T \leqslant T_{0.01}$,则可疑均值为偏离均值;若 $T > T_{0.01}$,则可疑均值为离群均值,应予剔除,即剔除含有该均值的一组数据。

表 2-4　格鲁布斯检验法临界值(T_α)

T	显著性水平(α)		T	显著性水平(α)	
	0.05	0.01		0.05	0.01
3	1.153	1.155	15	2.409	2.705
4	1.463	1.492	16	2.443	2.747
5	1.672	1.749	17	2.475	2.785
6	1.822	1.944	18	2.504	2.821
7	1.938	2.097	19	2.532	2.854
8	2.023	2.221	20	2.557	2.884
9	2.110	2.322	21	2.580	2.912
10	2.176	2.410	22	2.603	2.939
11	2.234	2.485	23	2.624	2.963
12	2.285	2.050	24	2.644	2.987
13	2.331	2.607	25	2.663	3.009
14	2.371	2.695			

2.1.3 监测数据结果的表述

对一个样品某一指标的测定,其结果表达方式一般有如下几种:

(1) 用算术平均值($\bar{x}$)表示测量结果与真值的集中趋势

测量过程中排除系统误差和过失后,只存在随机误差,根据正态分布的原理,当测定次数无限多($n \rightarrow \infty$)时的总体均值(μ)应与真值(x_t)很接近,但实际测量次数有限。因此样本的算术平均值是表示测量结果与真值的集中趋势以表达监测结果的最常用的方式。

(2) 用算术平均值和标准偏差表示测量结果的精密度($\bar{x} \pm S$)

算术平均值代表集中趋势,标准偏差表示离散程度。算数平均值代表性的大小与标准偏差的大小有关,即标准偏差大,算术平均值代表性小,反之亦然,故而监测结果常以($\bar{x} \pm S$)表示。

(3) 用($\bar{x} \pm S, CV$)表示结果

标准偏差大小还与所测均值水平或测量单位有关。不同水平或单位的测量结果之间,其标准偏差是无法进行比较的,而变异系数是相对值,故可在一定范围内用来比较不同水平或单位测量结果之间的差异。例如,用镉试剂分光光度法测量镉,当镉质量浓度小于 0.1mg/L 时,标准偏差和变异系数分别为 7.3% 和 9.0%。

(4) 均值置信区间和"t"值

均值置信区间是考察样本均值($\bar{x}$)与总体均值(μ)之间的关系,即以样本均值代表总体均值的数据在 $\mu \pm \sigma$ 区间,95.44% 的数据在 $\mu \pm 2\sigma$ 区间等。正态分布理论是从大量数据中得出的。当从同一总体中随机抽取足够的大小相同的样本,并对它们测量得到一批样本均值,如果原总体是正态分布,则这些样本均值的分布将随样本容量(n)的增大而趋向正态分布。

样本均值的均值符号为 $\bar{x}$,样本均值的标准偏差符号为 $S_{\bar{x}}$。标准偏差(S)只表示个体变量值的离散程度,而均值标准偏差是表示样本均值的离散程度。

均值标准偏差的大小与总体标准偏差成正比,与样本容量的平方根成反比:

$$S_{\bar{x}} = \frac{\sigma}{\sqrt{n}}$$

由于总体标准偏差不可知,故只能用样本标准偏差来代替,即:

$$S_{\bar{x}} = \frac{S}{\sqrt{n}}$$

这样计算所得的均值标准偏差仅为估计值。均值标准偏差的大小反映抽样误差的大小,其数值越小,则样本均值越接近总体均值,以样本均值代表总体均值的可靠性就越大;反之,均值标准偏差越大,则样本均值的代表性越不可靠。

样本均值与总体均值之差对均值标准偏差的比值称为 T 值:

$$T = \frac{\bar{x} - u}{S_{\bar{x}}}$$

移项得:

$$\mu - \bar{x} = TS_{\bar{x}} = \bar{x} - T\frac{S}{\sqrt{n}}$$

根据正态分布的对称性特点,应写成:

$$\mu = \bar{x} \pm T \frac{S}{\sqrt{n}}$$

式中右面的 $\bar{x}$、S 和 n 通过测量可得,T 与样本容量(n)和置信度有关,而后者可以直接要求指定。T 值见表 2-4。由表可知,当 $n(n' = n-1)$ 一定,要求置信度越大则 T 值越大,其结果的数值范围越大。而置信度一定时,n 越大,T 值越小,结果的数值范围越小。

置信度不是一个单纯的数字问题,置信度过大反而无实用价值,例如,100% 的置信度,则数值范围的区间 $[-\infty, +\infty]$。通常采用 90% ～ 95% 置信度 $[p(双侧概率)对应为 0.10 ～ 0.05]$。

2.2 环境监测数据的评价

2.2.1 地表水环境质量现状评价

在单项水质参数评价中,一般情况下,某水质因子的参数可采用多次监测的平均值,但如该水质因子监测数据变幅甚大,为了突出高值的影响,可采用内梅罗值,或其他计入高值影响的方法。下式为内梅罗值的表达式:

$$C_{内} = \sqrt{\frac{C_{极}^2 + C_{均}^2}{2}}$$

式中:$C_{内}$ 为某水质因子监测数据的内梅罗值,mg/L;

$C_{极}$ 为某水质因子监测数据的极值,mg/L;

$C_{均}$ 为某水质因子监测数据的算术平均值,mg/L。

水质评价方法主要采用单项水质参数评价法。单项水质参数评价是将每个污染因子单独进行评价,利用统计得出各自的达标率或超标率、超标倍数、统计代表值等结果。单项水质参数评价能客观地反映水体的污染程度,可清晰地判断出主要污染因子、主要污染时段和水体的主要污染区域,能较完整地提供监测水域的时空污染变化。

单项水质参数评价建议采用标准指数法,其计算公式如下:

(1) 常规水质参数评价

$$I_{i,j} = \frac{C_{i,j}}{C_{s,i}}$$

式中:$I_{i,j}$ 为单项水质参数 i 在第 j 点的标准指数;

$C_{i,j}$ 为 (i,j) 点的污染物浓度或污染物 i 在预测点(或监测点)j 的浓度,mg/L;

$C_{s,i}$ 为水质参数 i 的地面水水质标准,mg/L。

(2) 特征水质参数评价

溶解氧(DO)和 pH 与其他水质参数的性质不同,需采用不同的指数单元形式。

① DO 的标准型指数单元:

$$I_{\text{DO},j} = \frac{|\text{DO}_f - \text{DO}_j|}{\text{DO}_f - \text{DO}_s}, \text{DO}_j \geqslant \text{DO}_s$$

$$I_{\text{DO},j} = 10 - 9 \times \frac{\text{DO}_j}{\text{DO}_s}, \text{DO}_j < \text{DO}_s$$

式中：$I_{\text{DO},j}$ 为 j 点的 DO 标准指数；

$\quad$ DO_j 为 j 点的 DO 浓度，mg/L；

$\quad$ DO_s 为 DO 的评价标准，mg/L；

$\quad$ DO_f 为饱和 DO 浓度，mg/L。计算公式为：$\text{DO}_f = 468/(31.6 + T)$，$T$ 为水温（℃）。

②pH 的标准型指数单元：

$$I_{\text{pH},j} = \frac{7.0 - \text{pH}_j}{7.0 - \text{pH}_{sd}}, \text{pH}_j \leqslant 7.0$$

$$I_{\text{pH},j} = \frac{\text{pH}_j - 7.0}{\text{pH}_{su} - 7.0}, \text{pH}_j > 7.0$$

式中：$I_{\text{pH},j}$ 为 j 点的 pH 标准指数；

$\quad$ pH_j 为 j 点的 pH 监测值；

$\quad$ pH_{sd} 为评价标准中 pH 的下限值，即为 6；

$\quad$ pH_{su} 为评价标准中 pH 的上限值，即为 9。

当水质参数的标准指数＞1，表明水质参数超过规定的水质标准，不能满足使用要求；当水质参数的标准指数≤1，表明水质参数达到规定的水质标准，满足使用要求。

2.2.2　大气环境质量现状评价

（1）大气环境质量评价

通常采用标准指数法，其计算公式如下：

$$I_i = \frac{C_i}{C_{0,i}}$$

式中：C_i 为污染物 i 的质量浓度值（实测或经统计处理），mg/m³；

$\quad$ $C_{0,i}$ 为选定的污染物 i 的评价标准，mg/m³。

当 $I_i \geqslant 1$ 时为超标，否则为不超标。

（2）监测结果的统计及分析

监测结果应能说明评价区内大气污染物监测浓度范围、平均值、超标率等。同时，还应进行浓度时空分布特征分析和浓度变化与污染气象条件的相关分析。

$$超标率 = \frac{超标数据个数}{总监测数据个数} \times 100\%$$

未检出点位数计入总监测数据个数。不符合监测技术规范要求的监测数据不计入总监测数据个数。

$$超标倍数 = \frac{C - C_0}{C_0}$$

式中：C 为环境污染物的实测浓度，mg/m³；

C_0 为污染物的环境质量标准值,mg/m^3。

2.2.3 环境噪声现状评价

评价方法:监测结果直接对照相关标准的标准值,评价是否达标或超标,并分析原因,同时评述受其影响的人口分布情况。

2.2.4 地下水环境质量现状评价

地下水水质评价应以地下水水质调查分析资料和水质监测资料为基础,采用标准指数进行。

(1)评价标准为定值的水质因子

其标准指数计算公式为:

$$I_{i,j} = \frac{C_{i,j}}{C_{s,i}}$$

式中:$I_{i,j}$ 为单项水质参数 i 在第 j 点的标准指数;

$C_{i,j}$ 为 (i,j) 点的污染物浓度或污染物 i 在预测点(或监测点)j 的浓度,mg/L;

$C_{s,i}$ 为水质参数 i 的地面水水质标准,mg/L。

(2)评价标准为区间的水质因子

如 pH 值,其标准指数计算公式为:

$$I_{pH,j} = \frac{7.0 - pH_j}{7.0 - pH_{sd}}, pH_j \leqslant 7.0$$

$$I_{pH,j} = \frac{pH_j - 7.0}{pH_{su} - 7.0}, pH_j > 7.0$$

式中:$I_{pH,j}$ 为 j 点的 pH 标准指数;

pH_j 为 j 点的 pH 监测值;

pH_{sd} 为评价标准中 pH 的下限值,即为 6;

pH_{su} 为评价标准中 pH 的上限值,即为 9。

当水质参数的标准指数 >1,表明水质参数超过规定的水质标准,不能满足使用要求;当水质参数的标准指数 $\leqslant 1$,表明水质参数达到规定的水质标准,满足使用要求。指数值越大,超标越严重。

第三章　实验项目的测定

实验一　废水中悬浮固体、浊度和色度的测定

【实验目的】

1. 明确水体物理指标对水质评价的意义和贡献。
2. 掌握悬浮固体、色度和浊度的测定方法。
3. 掌握铂钴比色法和稀释倍数法测定水的色度的方法，以及适用的范围。
4. 掌握浊度计的使用方法。

悬浮固体

【实验原理】

悬浮固体是指剩留在滤料上并与 $103\sim105℃$ 烘至恒重的固体。直接的测定方法是将水样通过滤纸之后，烘干固体残留物及滤纸，将所称重量减去滤纸重量，即为悬浮固体量（不可过滤残渣量，常用 SS 表示）。

【实验步骤】

1. 将中速定量滤纸在 $103\sim105℃$ 烘干后移入干燥器内冷却、称量。反复烘干、冷却、称量，直至两次称量差 $\leqslant0.2mg$ 为止。

2. 充分混合均匀水样，迅速用量筒取 100mL 水样，并使之全部通过滤纸，如果悬浮物质太少，可增加取样水量。再用蒸馏水洗涤两三次。

3. 将滤纸及悬浮物在 $103\sim105℃$，烘干 1h 后移入干燥器内冷却，称量。反复烘干、冷却、称量，直至两次称量差 $\leqslant0.4mg$ 为止。

【数据处理及记录】

1. 数据记录

将实验数据记录于下表。

B（滤纸质量）	A（悬浮固体＋滤纸质量）	V（水样体积）

2. 数据处理

$$悬浮固体含量(SS,mg/L)=\frac{(A-B)\times1000\times1000}{V}$$

式中：A 为悬浮固体+滤纸重,g；

B 为滤纸重,g；

V 为水样体积,mL。

【注意事项】

1. 树叶、木棒、水草等杂物应先总水样中除去。

2. 废水黏度过高时,可加 2~4 倍蒸馏水稀释,振荡均匀,待沉淀物下降后再过滤。

3. 贮存水样时不能加入任何保护剂,以防止破坏物质在固-液相间的分配平衡。

4. 滤纸上截留过多的悬浮物可能夹带过多的水分,除延长干燥时间外,还可能造成过滤困难,遇此情况,可酌情少取样。滤膜上悬浮物质过少,则会增大称量误差,影响测定精确度,必要时,可增加取样体积。一般以 5~100mg 悬浮物量作为两区试样体积的适用范围。

5. 如水样中有腐蚀性物质,可使用 $0.45\mu m$ 滤膜过滤。

6. 含有大量钙、镁、氯化物、硫酸盐的高度矿物水可能吸潮,需延长烘干时间,并迅速称量。

浊度

【实验原理】

浊度是表现水中悬浮物对光线透过时所发生的阻碍程度。水中含有泥土、粉沙、微细有机物、无机物、浮游动物和其他微生物等悬浮物和胶体物都可使水样呈现浊度。水的浊度大小不仅和水中存在颗粒物含量有关,而且和粒径大小、形状、颗粒表面对光散特性有密切关系。我国规定 1L 蒸馏水中含有 1mg 二氧化硅所产生的浊度为 1 度。

【实验仪器及试剂】

1. 浊度贮备液：硫酸肼$[(NH_4)_2SO_4\cdot H_2SO_4]$与六次甲基四胺$[(CH_2)_6N_4]$形成白色高分子聚合物[福尔马肼(甲)聚合物],与无浊水配成一系列浊度标准液。

(1) 无浊度水的配制：蒸馏水用 $0.2\mu m$ 的滤膜过滤,收集于用滤过水洗涤过两次的烧杯中。

(2) 浊度贮备液：A、硫酸肼 1.00g 加水稀释至 100mL；B、六次甲基四胺 10.000g 加水稀释至 100mL；C,5mL A+5mL B 于(25±3)℃水溶液中,反应 24h,再用水稀释至 100mL,该浊度为 400 度。

2. 浊度标准液：吸收浊度为 400 度的浊度贮备液 25mL 置于 100mL 容量瓶中，用水稀释至标线处，此溶液为浊度为 100 度的标准液。

【实验步骤】

1. 浊度低于 10 度的水样

（1）接通电源，预热 20min；

（2）用无浊水调 0 点；

（3）用浊度为 10 的标准浊度溶液调节满刻度；

（4）取水样，使水样管上的垂直刻度线与水样座上的刻度线相互对准，直接读数。

2. 浊度高于 10 度的水样

用浊度为 100 度的浊度水调节水样，其余同步骤 1。

3. 浊度高于 100 度的水样

应用水稀释后测定。

附 SZD-1 型散射光台式浊度仪使用方法

1. 接通电源，打开电源开关；

2. 预热 20min，量程开关扳向左边；

3. 打开水样盖，取出水样管，放入无浊水，并使水样管上的垂直刻度线与水样座上的刻度线对准，盖上水样盖；

4. 调节零位电位器，使显示器为 0；

5. 倒掉无浊水，放入 10NUT 标准液，并使并使水样管上的垂直刻度线与水样座上的刻度线对准，盖上水样盖，调节满位电位器，使显示器为 10.0，重复 C～E 步骤一两次即可使用。

【数据记录】

将实验数据记录于下表。

水样	浊度
1	
2	

【注意事项】

1. 用待测水样将水样管冲洗两次。这样可以将保留在瓶内的残留液体和其他脏物取出，接着将待测水样沿管壁缓慢倒入，以减少气泡。

2. 为了获得有代表性的水样，取样前轻轻搅拌水样，使其均匀，禁止震荡（防止产生汽包）和悬浮物沉淀。

色度

天然水和轻度污染水可用铂钴比色法测定色度,对工业有色污水常用稀释倍数法测定。

铂钴比色法

【实验原理】

用氯铂酸钾与氯化钴配成标准色列,与水样进行目视比色,1L 水中 1mg 铂和 0.5mg 钴时所具有的颜色,称为 1 度,作为标准色度单位。

如水样浑浊,则放置澄清,亦可用离心法或孔径为 $0.45\mu m$ 滤膜过滤以除去悬浮物,但不能用滤纸过滤,因滤纸可吸附部分溶解于水的颜色。

【实验仪器及试剂】

1. 50mL 具塞比色管,其刻度线高度应一致。

2. 铂钴标准溶液

称取 1.246g 氯铂酸钾(K_2PtCl_6)(相当于 500mg 铂)及 1.000 氯化钴($CoCl_2 \cdot 6H_2O$)(相当于 250mg 钴),溶入 500mL 水中,加 100mL 盐酸,用水定容至 1000mL。此溶液的色度为 500 度,保存于具塞玻璃瓶中,存放暗处。

若无氯铂酸钾,则可用重铬酸钾代替。方法是:称取 0.0437g 重铬酸钾和 1.000g 硫酸钴($CoSO_4 \cdot H_2O$),溶于少量水中,加入 0.50mL 硫酸,用水稀释至 500mL。此溶液的色度为 500 度。

【实验步骤】

1. 标准色列的测定

向 50mL 比色管中加入 0、0.5、1.00、2.00、3.00、4.00、5.00、6.00、7.00mL 铂钴标准比色液,用水稀释至标线,摇匀,各管的色度为 0、5、10、20、30、40、50、60 和 70 度,密塞保存。

2. 水样的测定

(1)分取 50.0mL 澄清透明的水样于比色管中,如水样色度较大,可酌情少取水样,用水稀释至 50.0mL。

(2)将水样与标准色列进行目视比较。观察时,可将色度管置于白瓷盘或白纸上,使光线从底部向上透过液柱,目光自管口垂直向下观察,记下与水样色度相同的铂钴标准色列的色度。

【数据记录及处理】

1. 数据记录

将实验数据记录于下表。

A(色度)	B(水样体积)

2. 数据处理

$$色度 = \frac{A \times 50}{B}$$

式中：A 为稀释中水样相当于铂钴标准色列的色度；

　　　B 为水样的体积，mL。

稀释倍数法

【实验原理】

该方法适用于受工业废水污染的地表水和工业废水颜色的测定。测定时，首先用文字描述水样的种类和深浅程度，如深蓝色、棕黄色、暗黑色等。

取一定量水样，用蒸馏水稀释到刚好看不到颜色（或接近无色）时，记录稀释倍数，以此表示该水样的色度。

【实验仪器】

50mL 具塞比色管，其标线高度要一致。

【实验步骤】

1. 取 100～150mL 澄清水样置于烧杯中，以白瓷板为背景，观察并表述其颜色种类。

2. 澄清的水样，用水稀释成不同倍数，分取 50mL 分别置于 50mL 比色管中，管底部衬一白瓷板，由上向下观察稀释后水样的颜色，并与蒸馏水相比较，直至刚好看不出颜色，记录此时的稀释倍数。

【注意事项】

1. 水的颜色可分为真色和表色两种。真色是指出去悬浮物后水的颜色；没有去除悬浮物的水具有的颜色称为表色。

2. 如测定水样的真色，应放置澄清，取上清液，或用离心法去除悬浮物后测定；如测定水样的表色（此时需注明），待水样中的大颗粒悬浮物沉降后，取上清液测定。

【思考题】

1. 什么是悬浮物？

2. 浊度与悬浮物的质量浓度有无关系？为什么？

3. 什么是水的真色和表色？

4. 色度的测定在操作上应该注意什么？

5. 工业废水色度、悬浮物的排放标准分别是多少？

6. 哪些因素会影响浊度测定的准确性？

实验二　酸度和碱度的测定

【实验目的】

1. 了解酸度和总碱度的基本概念。

2. 掌握指示剂滴定法测定酸度和总碱度的原理和方法。

酸度（酸碱指示剂滴定法）

【实验原理】

　　地表水中，由于溶入 CO_2 或由于机械、选矿、电镀、农药、印染、化工等行业排放的含酸废水的进入，致使水体的 pH 值降低。由于酸的腐蚀性，破坏了鱼类及其他水生生物和农作物的正常生存条件，造成鱼类及农作物等死亡。含酸废水可腐蚀管道，破坏建筑物。因此，酸度是衡量水体变化的一项重要指标。

　　在水中，由于溶质的解离或水解（无机酸类，硫酸亚铁和硫酸铝等）而产生的氢离子，与碱标准溶液作用至一定 pH 值所消耗碱的量，定为酸度。酸度值随所用指示剂指示终点 pH 值的不同而异。滴定终点的 pH 值有两种规定，即 8.3 和 3.7。用氢氧化钠溶液滴定到 pH8.3（以酚酞作指示剂）的酸度，称为"酚酞酸度"，又称总酸，它包括强酸和弱酸；用氢氧化钠溶液滴定到 pH3.7（以甲基橙为指示剂）的酸度，称为"甲基橙酸度"，代表一些较强的酸。

【实验仪器及试剂】

　　1. 仪器

　　（1）25mL 和 50mL 碱式滴定管。

　　（2）250mL 锥形瓶。

　　2. 试剂

　　（1）无二氧化碳水：将 pH 值不低于 6.0 的蒸馏水，煮沸 15min，加盖冷却至室温。如蒸馏水 pH 较低，可适当延长煮沸时间。最后水的 pH≥6.0。

　　（2）氢氧化钠标准溶液（0.1mol/L）：称取 60g 氢氧化钠溶于 50mL 水中，转入 150mL 的聚乙烯瓶中，冷却后，用橡皮塞塞紧，静置 24h 以上。吸取上层清液约 7.5mL 置于 100mL 容量瓶中，用无二氧化碳水稀释至标线，摇匀，移入聚乙烯瓶中保存。按下述方法进行标定：

称取在 $105\sim110℃$ 干燥过的基准级试剂苯二甲酸氢钾($KHC_8H_4O_4$)约 $0.5g$(称准至 $0.0001g$),置于 $250mL$ 锥形瓶中,加无二氧化碳水 $100mL$ 使之溶解,加入 4 滴酚酞指示剂,用待定的氢氧化钠标准溶液滴定至浅红色为终点。同时用无二氧化碳水做空白滴定,按下式进行计算:

$$氢氧化钠标准溶液浓度(mol/L)=\frac{m\times1000}{(V_1-V_0)\times204.23}$$

式中:m 为称取苯二甲酸氢钾的质量,g;

V_0 为滴定空白时,所耗氢氧化钠标准液体积,mL;

V_1 为滴定苯二甲酸氢钾时,所耗氢氧化钠标准溶液的体积,mL;

204.23 为苯二甲酸氢钾($KHC_8H_4O_4$)摩尔质量,g/mol。

(3) $0.0200mol/L$ 氢氧化钠标准溶液:吸取一定体积已标定过的 $0.1mol/L$ 氢氧化钠标准溶液,用无二氧化碳水稀释至 $0.0200mol/L$。贮于聚乙烯瓶中保存。

(4) 酚酞指示剂:称取 $0.05g$ 酚酞,溶于 $50mL$ 95% 乙醇中,用水稀释至 $100mL$。

(5) 甲基橙指示剂:称取 $0.05g$ 甲基橙,溶于 $100mL$ 水中。

(6) 硫代硫酸钠标准溶液($Na_2S_2O_3\cdot5H_2O$,$0.1mol/L$):称取 $2.5g$ $Na_2S_2O_3\cdot5H_2O$,溶于水中,用无二氧化碳水稀释至 $100mL$。

【实验步骤】

1. 取适量水样置于 $250mL$ 锥形瓶中,用无二氧化碳水稀释至 $100mL$,瓶下放以白瓷板,向锥形瓶中加入 2 滴甲基橙指示剂,用上述氢氧化钠标准溶液滴定至溶液由橘红色变为枯黄色为终点,记录氢氧化钠标准溶液用量(V_1)。

2. 另取一份水样于 $250mL$ 锥形瓶中,用无二氧化碳水稀释至 $100mL$,加入 4 滴酚酞指示剂,用氢氧化钠标准溶液滴定至溶液刚变为浅红色为终点,记录用量(V_2)。

如水样中含硫酸铁、硫酸铝时,加酚酞后加热煮沸 2min,趁热滴至红色。

【计算】

$$甲基橙酸度(以\ CaCO_3\ 计,mg/L)=\frac{M\times V_1\times50.05\times1000}{V}$$

$$酚酞酸度(又称总酸度,以\ CaCO_3\ 计,mg/L)=\frac{M\times V_2\times50.05\times1000}{V}$$

式中:M 为标准氢氧化钠溶液浓度,mg/L;

V_1 为用甲基橙作指示剂时,消耗氢氧化钠标准溶液的体积,mL;

V_2 为用酚酞作滴定指示剂时,消耗氢氧化钠标准溶液的体积,mL;

V 为水样体积,mL;

50.05 为 $\frac{1}{2}$ 碳酸钙($\frac{1}{2}CaCO_3$)摩尔质量,g/mL。

【注意事项】

1. 水样取用体积,参考滴定时所消耗氢氧化钠标准溶液用量,在 10～25mL 为宜。

2. 采集的样品用聚乙烯瓶或硅硼玻璃瓶贮存,并要使水样充满不留空间,盖紧瓶盖。若为废水样品,接触空气易引起微生物活动,容易减少或增加二氧化碳及其他气体,最好在 1d 之内分析完毕。对生物活动明显的水样,应在 6h 内分析完。

碱度(总碱度、重铬酸盐和碳酸盐)的测定

【实验原理】

本实验采用的是酸碱指示剂滴定法。

水样用标准酸溶液滴定至规定的 pH 值,其终点可由加入的酸碱指示剂在该 pH 值时颜色的变化来判断。

当滴定至酚酞指示剂由红色变为无色时,溶液 pH 值即为 8.3,指示水中氢氧根离子(OH^-)已被中和,碳酸盐(CO_3^{2-})均被转为重碳酸盐(HCO_3^-),反应如下:

$$OH^- + H^+ \longrightarrow H_2O$$

$$CO_3^{2-} + H^+ \longrightarrow HCO_3^-$$

当滴定至甲基橙指示剂由枯黄色变成橙红色时,溶液的 pH 值为 4.4～4.5,指示水中的重碳酸盐(包括原有的和由碳酸盐转化成的)已被中和,反应如下:

$$HCO_3^- + H^+ \longrightarrow H_2O + CO_2 \uparrow$$

根据上述两个终点到达时所消耗的盐酸盐标准滴定溶液的量,可以计算出水中碳酸盐、重碳酸盐及总碱度。

上述计算方法不适用于污水及复杂体系中碳酸盐和重碳酸盐的计算。

【实验仪器及试剂】

1. 仪器

(1) 25mL 酸式滴定管。

(2) 250mL 锥形瓶。

2. 试剂

(1) 无二氧化碳水:用于制备标准溶液稀释用的蒸馏水或去离子水,临用前煮沸 15min,冷却至室温。pH 值应大于 6.0,电导率小于 $2\mu S/cm$。

(2) 酚酞指示液:称取 0.5g 酚酞溶于 50mL 95% 乙醇中,用水稀释至 100mL。

(3) 甲基橙指示剂:称取 0.05g 甲基橙溶于 100mL 蒸馏水中。

(4) 碳酸钠标准溶液($\frac{1}{2}Na_2CO_3 = 0.0250mol/L$):称取 1.324g(于 250℃ 烘干 4h)的基准试剂无水碳酸钠(Na_2CO_3),溶于少量无二氧化碳水中,移入 1000mL 容量瓶中,用水

稀释至标线,摇匀。贮于聚乙烯瓶中,保存时间不要超过一周。

(5) 盐酸标准溶液(0.0250mol/L):用分度吸管吸取 2.1mL 浓盐酸($\rho=1.19$g/mL),并用蒸馏水稀释至 1000mL,此溶液浓度约为 0.025mol/L。其准确浓度按下法标定:

用无分度吸管吸取 25.00mL 碳酸钠标准溶液于 250mL 锥形瓶中,加无二氧化碳水稀释至约 100mL,加入 3 滴甲基橙指示液,用盐酸标准溶液滴定至由橘黄色刚变成橘红色,记录盐酸标准溶液用量。按下式计算其标准浓度:

$$C=\frac{25.00\times0.0250}{V}$$

式中:C 为盐酸标准溶液浓度,mol/L;

V 为盐酸标准溶液用量,mL。

【实验步骤】

1. 分取 100mL 水样于 250mL 锥形瓶中,加入 4 滴酚酞指示剂,摇匀。当溶液呈红色时,用盐酸标准溶液滴定至刚刚褪至无色,记录盐酸标准溶液用量。若加酚酞指示剂后溶液无色,则不需用盐酸标准溶液滴定,并接着进行下述操作。

2. 向上述锥形瓶中加入 3 滴甲基橙指示剂,摇匀。继续用盐酸标准溶液滴定至溶液由橘黄色刚刚变成橘红色为止。记录盐酸标准溶液用量。

【计算】

对于多数天然水样,碱性化合物在水中所产生的碱度,有五种情形。为说明方便,令以酚酞作指示剂时,滴定至颜色变化所消耗盐酸标准溶液的用量为 PmL,以甲基橙作指示剂时,盐酸标准溶液用量为 MmL,则盐酸标准溶液总消耗量为 $T=M+P$。

1. 第一种情形,$P=T$ 或 $M=0$ 时:

P 代表全部氢氧化物及碳酸盐的一半,由于 $M=0$,表示不含有碳酸盐,亦不含重碳酸盐。因此,$P=T=$氢氧化物含量。

2. 第二种情形,$P>\frac{1}{2}T$ 时:

说明 $M>0$ 时,有碳酸盐存在,且碳酸盐含量$=2M=2(T-P)$。而且由于 $P>M$,说明尚有氢氧化物存在,氢氧化物含量$=T-2(T-P)=2P-T$。

3. 第三种情形,$P=\frac{1}{2}T$,即 $P=M$ 时:

M 代表碳酸盐的一半,说明水中仅有碳酸盐,碳酸盐含量$=2P=2M=T$。

4. 第四种情形,$P<\frac{1}{2}T$ 时:

$M>P$,因此 M 除代表由碳酸盐生成的重碳酸盐含量外,尚有水中原有的重碳酸盐含量。碳酸盐含量$=2P$,重碳酸盐含量$=T-2P$。

5. 第五种情形,$P=0$ 时:

水中只有重碳酸盐存在。重碳酸盐含量$=T=M$。

以上五种情形的碱度，示于下表中。

表 3-1　碱度的组成

滴定的结果	氢氧化物（OH^-）	碳酸盐（CO_3^{2-}）	重碳酸盐（HCO_3^-）
$P=T$	P	0	0
$P>\dfrac{1}{2}T$	$2P-T$	$2T-P$	0
$P=\dfrac{1}{2}T$	0	$2P$	0
$P<\dfrac{1}{2}T$	0	$2P$	$T-2P$
$P=0$	0	0	T

按下述公式计算各种情况下总碱度、碳酸盐、重碳酸盐的含量。

1. 总碱度（以 CaO 计，mg/L）$=\dfrac{C(P+M)\times 28.04}{V}\times 1000$

总碱度（以 $CaCO_3$ 计，mg/L）$=\dfrac{C(P+M)\times 50.05}{V}\times 1000$

式中：C 为盐酸标准溶液浓度，mol/L；

　　28.04 为 $\dfrac{1}{2}$ 氧化钙（$\dfrac{1}{2}CaO$）摩尔质量，g/mol；

　　50.05 为 $\dfrac{1}{2}$ 碳酸钙（$\dfrac{1}{2}CaCO_3$）摩尔质量，g/mol。

2. 当 $P=T$ 时，$M=0$

碳酸盐（CO_3^{2-}）含量 $=0$

重碳酸盐（HCO_3^-）含量 $=0$

3. 当 $P>\dfrac{1}{2}T$ 时

碳酸盐碱度（以 CaO 计，mg/L）$=\dfrac{C(T-P)\times 28.04}{V}\times 1000$

碳酸盐碱度（以 $CaCO_3$ 计，mg/L）$=\dfrac{C(T-P)\times 50.05}{V}\times 1000$

碳酸盐碱度（以 $\dfrac{1}{2}CO_3^{2-}$ 计，mol/L）$=\dfrac{C(T-P)}{V}\times 1000$

重碳酸盐（HCO_3^-）含量 $=0$

4. 当 $P=\dfrac{1}{2}T$ 时，$P=M$

碳酸盐碱度（以 CaO 计，mg/L）$=\dfrac{C\times P\times 28.04}{V}\times 1000$

碳酸盐碱度（以 $CaCO_3$ 计，mg/L）$=\dfrac{C\times P\times 50.05}{V}\times 1000$

碳酸盐碱度（以 $\dfrac{1}{2}CO_3^{2-}$ 计，mol/L）$=\dfrac{C\times P}{V}\times 1000$

重碳酸盐（HCO_3^-）含量 $=0$

5. 当 $P < \dfrac{1}{2}T$ 时

$$\text{碳酸盐碱度（以 CaO 计，mg/L）} = \frac{C \times P \times 28.04}{V} \times 1000$$

$$\text{碳酸盐碱度（以 CaCO}_3 \text{ 计，mg/L）} = \frac{C \times P \times 50.05}{V} \times 1000$$

$$\text{碳酸盐碱度（以 } \frac{1}{2}\text{CO}_3^{2-} \text{ 计，mol/L）} = \frac{C \times P}{V} \times 1000$$

$$\text{重碳酸盐碱度（以 CaO 计，mg/L）} = \frac{C(T-2P) \times 28.04}{V} \times 1000$$

$$\text{重碳酸盐碱度（以 CaCO}_3 \text{ 计，mg/L）} = \frac{C(T-2P) \times 50.05}{V} \times 1000$$

$$\text{重碳酸盐碱度（以 HCO}_3^- \text{ 计，mol/L）} = \frac{C(T-2P)}{V} \times 1000$$

6. 当 $P = 0$ 时

碳酸盐（CO_3^{2-}）含量 $= 0$

$$\text{重碳酸盐碱度（以 CaO 计，mg/L）} = \frac{C \times M \times 28.04}{V} \times 1000$$

$$\text{重碳酸盐碱度（以 CaCO}_3 \text{ 计，mg/L）} = \frac{C \times M \times 50.05}{V} \times 1000$$

$$\text{重碳酸盐碱度（以 HCO}_3^- \text{ 计，mol/L）} = \frac{C \times M}{V} \times 1000$$

【注意事项】

1. 若水样中含有游离二氧化碳，则不存在碳酸盐，可直接以甲基橙作指示剂进行滴定。

2. 当水样中总碱度小于 20mg/L 时，可改用 0.01mol/L 盐酸标准溶液滴定，或改用 10mL 容量的微量滴定管，以提高测定精度。

【思考题】

1. 当所测水样有颜色时如何去除干扰？
2. 当滴定过量时应该采取怎样的方法来完成测试？
3. 滴定管未润洗就测定酸碱度时所测的数据与实际数据存在怎样的关系？
4. 在滴定过程中被测定水样溅出时实验结果有怎样的偏差？
5. 读数时仰视与俯视得到的数据与实际数据存在怎样的误差？

实验三　化学需氧量的测定

【实验目的】

1. 了解测定 CODcr 的意义和方法。

2. 掌握重铬酸钾法测定化学需氧量的原理和技术。

【实验原理】

化学需氧量是指在一定条件下,氧化1L水样中还原性物质所消耗的氧化剂的量,以氧的质量浓度(mg/L)表示。水中还原性物质包括有机化合物和亚硝酸盐、硫化物、亚铁盐等无机化合物。

在强酸性溶液中,准确加入过量的重铬酸钾标准溶液,加热回流,将水样中还原性物质(主要是有机物)氧化,过量的重铬酸钾以试亚铁灵作指示剂,用硫酸亚铁铵标准溶液回滴,根据所消耗的硫酸亚铁铵标准溶液量计算水样化学需氧量。化学需氧量反映了水中还原性物质污染的程度。

【实验仪器及试剂】

1. 仪器

(1) 回流装置:带250mL锥形瓶的全玻璃回流装置(若取样量在30mL以上,采用500mL锥形瓶的全玻璃回流装置),见图3-1。

(2) 加热装置(电炉)。

(3) 50mL酸式滴定管。

2. 试剂

(1) 重铬酸钾标准溶液$[c(\frac{1}{6}K_2Cr_2O_7)=0.2500mol/L]$:称取在120℃烘箱内干燥至恒重的纯重铬酸钾12.2576g,溶于水中,转移到1000mL容量瓶中,用水稀释至标线,摇匀。

(2) 试亚铁灵指示液:称取1.485g邻菲啰啉($C_{12}H_8N_2 \cdot H_2O$)、0.695g硫酸亚铁($FeSO_4 \cdot 7H_2O$)溶于水中,稀释至100mL,贮于棕色瓶内。

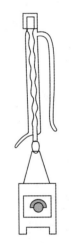

图3-1 重铬酸钾测定COD的回流装置

(3) 硫酸亚铁铵标准溶液$\{c[FeSO_4 \cdot (NH_4)_2SO_4 \cdot 6H_2O]=0.2500mol/L\}$:称取39.5g硫酸亚铁铵溶于水中,边搅拌边缓慢加入20mL浓硫酸,冷却后移入1000mL容量瓶中,加水稀释至标线,摇匀。临用前,用重铬酸钾标准溶液标定。

标定方法:准确吸取10.00mL重铬酸钾标准溶液于500mL锥形瓶中,加水稀释至110mL左右,缓慢加入30mL浓硫酸,混匀。冷却后,加入3滴试亚铁灵指示液(约0.15mL),用硫酸亚铁铵溶液滴定,溶液的颜色由黄色经蓝绿色至红褐色即为终点。

$$c=\frac{0.2500 \times 10.00}{V}$$

式中:c为硫酸亚铁铵标准溶液的浓度,mol/L;

V为硫酸亚铁铵标准溶液的用量,mL。

(4) 硫酸-硫酸银溶液:于500mL浓硫酸中加入5g硫酸银。放置1~2d,不时摇动使其溶解。

（5）硫酸汞：结晶或粉末。

【实验步骤】

1. 取 20.00mL 混合均匀的水样（或适量水样稀释至 20.00mL）置于 250mL 磨口的回流锥形瓶中，准确加入 10.00mL 重铬酸钾标准溶液及数粒小玻璃珠或沸石，连接磨口回流冷凝管，从冷凝管上口慢慢地加入 30mL 硫酸-硫酸银溶液，轻轻摇动锥形瓶使溶液混匀，加热回流 2h（自开始沸腾时计时）。

注：对于化学需氧量高的废水样，可先取上述操作所需体积 1/10 的废水样和试剂于 15mm×150mm 硬质玻璃试管中，摇匀，加热后观察是否呈绿色。如溶液显绿色，再适当减少废水取样量，直至溶液不变绿色为止，从而确定废水样分析时应取用的体积。稀释时，所取废水样量不得少于 5mL，如果化学需氧量很高，则废水样应多次稀释。若废水中氯离子含量超过 30mg/L 时，应先把 0.4g 硫酸汞加入回流锥形瓶中，再加 20.00mL 废水（或适量废水稀释至 20.00mL），摇匀。

2. 冷却后，用 90mL 水冲洗冷凝管壁，取下锥形瓶。溶液总体积不得少于 140mL，否则因酸度太大，滴定终点不明显。

3. 溶液再度冷却后，加 3 滴试亚铁灵指示液，用硫酸亚铁铵标准溶液滴定，溶液的颜色由黄色经蓝绿色至红褐色即为终点，记录硫酸亚铁铵标准溶液的用量。

4. 测定水样的同时，取 20.00mL 重蒸馏水，按同样操作步骤作空白试验。记录滴定空白时硫酸亚铁铵标准溶液的用量。

【数据记录及处理】

1. 数据记录

将实验数据记录于下表。

c（硫酸亚铁铵标液浓度）/(mol/L)	V_0（滴定空白时硫酸亚铁铵标液用量）/mL	V_1（滴定水样时硫酸亚铁铵标液用量）/mL	V（水样体积）/mL

2. 数据处理

$$化学需氧量（COD_{cr}）（以 O_2 计，mg/L）=\frac{8\times1000\times c\times(V_0-V_1)}{V}$$

式中：c 为硫酸亚铁铵标准溶液浓度，mol/L；

V_0 为滴定空白时硫酸亚铁铵标准溶液用量，mL；

V_1 为滴定水样时硫酸亚铁铵标准溶液用量，mL；

V 为水样的体积，mL；

8 为 $\frac{1}{2}$ 氧（$\frac{1}{2}$O）摩尔质量，g/mol。

【注意事项】

1. 使用 0.4g 硫酸汞络合氯离子的最高量可达 40mg，如取用 20.00mL 水样，即最高可络合 2000mg/L 氯离子浓度的水样。若氯离子的浓度较低，也可少加硫酸汞，使保持硫酸汞：氯离子＝10：1（W/W）。若出现少量氯化汞沉淀，并不影响测定。

2. 水样取用体积可在 10.00～50.00mL 内，但试剂用量及浓度需按下表进行相应调整，也可得到满意的结果。

表 3-2　水样取用量和试剂用量表

水样体积/mL	0.2500mol/L K$_2$CrO$_7$ 溶液体积/mL	HgSO$_4$ -Ag$_2$SO$_4$ 溶液体积/mL	HgSO$_4$ 质量/g	FeSO$_4$ · (NH$_4$)$_2$SO$_4$ 浓度/(mol/L)	滴定总体积/mL
10.0	5.0	15	0.2	0.050	70
20.0	10.0	30	0.4	0.100	140
30.0	15.0	45	0.6	0.150	210
40.0	20.0	60	0.8	0.200	280
50.0	25.0	75	1.0	0.250	350

3. 对于化学需氧量小于 50mg/L 的水样，应改用 0.0250mol/L 重铬酸钾标准溶液。回滴时用 0.01mol/L 硫酸亚铁铵标准溶液。

4. 水样加热回流后，溶液中重铬酸钾剩余量应为加入量的 1/5～4/5 为宜。

5. 用邻苯二甲酸氢钾标准溶液检查试剂的质量和操作技术时，由于 1g 邻苯二甲酸氢钾的理论 CODcr 为 1.176g，所以溶解 0.4251g 邻苯二甲酸氢钾（HOOCC$_6$H$_4$COOK）于重蒸馏水中，转入 1000mL 容量瓶，用重蒸馏水稀释至标线，使之成为 500mg/L 的 CODcr 标准溶液。用时新配。

6. CODcr 的测定结果应保留三位有效数字。

7. 每次实验时，应对硫酸亚铁铵标准滴定溶液进行标定，室温较高时尤其注意其浓度的变化。

8. 回流冷凝管不能用软质乳胶管，否则容易老化、变形，令冷却水不通畅。

9. 用手摸冷却水是否有温感，否则测定结果偏低。

10. 测定时不能激烈摇晃锥形瓶，瓶内试液不能溅出，否则影响测定结果。

【思考题】

1. 什么是化学需氧量？为什么需要做空白试验？

2. 化学需氧量测定时，有哪些影响因素？

3. 高锰酸盐指数和化学需氧量有什么区别？

4．不同种类的污水中化学需氧量的各个等级排放标准各是多少？

5．用重铬酸钾法测定化学需氧量的上限和下限分别是多少？

实验四　水中高锰酸盐指数的测定

酸性法

【实验目的】

1．了解水中高锰酸盐指数测定的实验原理以及实验方法。

2．掌握用酸性法测定水中高锰酸盐指数。

【实验原理】

水样加入硫酸钾使呈酸性后，加入一定量的高锰酸钾溶液，并在沸水浴中加热反应一定的时间。剩余的高锰酸钾，用草酸钠溶液还原并加入过量，再用高锰酸钾溶液回滴过量的草酸钠，通过计算求出高锰酸盐指数值。

显然，高锰酸盐指数是一个相对的条件性指标，其测定结果与溶液的酸度、高锰酸盐浓度、加热温度和时间有关。因此，测定时必须严格遵守操作规定，使结果具可比性。

【实验仪器及试剂】

1．仪器

（1）沸水浴装置。

（2）250mL 锥形瓶。

（3）50mL 酸式滴定管。

（4）定时钟。

2．试剂

（1）高锰酸钾贮备液（$\frac{1}{2}KMnO_4 = 0.1mol/L$）：称取 3.2g 高锰酸钾，溶于 1.2L 水中，加热煮沸，使体积减少到约 1L，在暗处放置过夜，用 G-3 玻璃砂芯漏斗过滤后，滤液贮于棕色玻璃瓶中保存。使用前用 0.1000mol/L 的草酸钠标准贮备液标定，求得实际浓度。

（2）高锰酸钾使用液（$\frac{1}{5}KMnO_4 = 0.1mol/L$）：吸取一定量的上述高锰酸钾溶液，用水稀释至 1000mL，并调节至 0.01mol/L 准确浓度，贮于棕色瓶中。使用当天应进行标定。

（3）（1+3）硫酸：配制时趁热滴加高锰酸钾溶液至呈微红色。

（4）草酸钠标准贮备液（$\frac{1}{2}Na_2C_2O_4 = 0.1000mol/L$）：称取 0.6705g 在 105～110℃

烘干 1h 并冷却的优级纯草酸钠,溶于水,移入 100mL 容量瓶中,用水稀释至标线。

(5) 草酸钠标准使用液 ($\frac{1}{2}Na_2C_2O_4 = 0.0100mol/L$):吸取 10.00mL 上述草酸钠溶液,移入 100mL 容量瓶中,用水稀释至标线。

【实验步骤】

1. 分取 100mL 混匀水样(如高锰酸盐指数高于 10mg/L,则酌情少取,并用水稀释至 100mL)于 250mL 锥形瓶中。

2. 加入 5mL(1+3)硫酸,混匀。

3. 加入 10.00mL 0.01mol/L 高锰酸钾使用液,摇匀,立即放入沸水浴中加热 30min(从水浴重新沸腾起计时),沸水浴液面要高于反应溶液的液面。

4. 取下锥形瓶,趁热加入 10.00mL 0.01mol/L 草酸钠标准使用液,摇匀。立即用 0.01mol/L 高锰酸钾使用液滴定至显微红色,记录高锰酸钾溶液消耗量。

5. 高锰酸钾溶液浓度的标定

将上述已滴定完毕的溶液加热至约 70℃,准确加入 10.00mL 草酸钠标准使用液 (0.0100mol/L),再用 0.01mol/L 高锰酸钾溶液滴定至显微红色。记录高锰酸钾使用液的消耗量,按下式求得高锰酸钾溶液的校正系数(K)。

$$K = \frac{10.00}{V}$$

式中:V 为高锰酸钾使用液消耗量,mL。

若水样经稀释时,应同时另取 100mL 水,同水样操作步骤进行空白试验。

【计算】

1. 水样不经稀释

$$高锰酸盐指数(以 O_2 计,mg/L) = \frac{[(10+V_1)K-10] \times M \times 8 \times 1000}{100}$$

式中:V_1 为滴定水样时,高锰酸钾使用液的消耗量,mL;

K 为校正系数;

M 为草酸钠溶液浓度,mol/L;

8 为 $\frac{1}{2}$氧($\frac{1}{2}O$)摩尔质量,g/mol。

2. 水样经稀释

$$高锰酸盐指数(以 O_2 计,mg/L) = \frac{\{[(10+V_1)K-10]-[(10+V_0)K-10] \times C\} \times M \times 8 \times 1000}{V_2}$$

式中:V_0 为空白试验中高锰酸钾溶液消耗量,mL;

V_2 为分取水样量,mL;

C 为稀释的水样中含水的比值。例如,10.00mL 水样,加 90mL 水稀释至 100mL, 则 C=0.90。

【注意事项】

1. 在水浴中加热完毕后,溶液仍应保持淡红色,如变浅或全部褪去,说明高锰酸钾的用量不够,此时,应将水样稀释倍数加大后再测定,使加热氧化后残留的高锰酸钾为其加入量的 $1/3 \sim 1/2$ 为宜。

2. 在酸性条件下,草酸钠和高锰酸钾的反应温度应保持在 $60 \sim 80℃$,所以滴定操作必须趁热进行,若溶液温度过低,需适当加热。

【思考题】

1. 酸性法测定水中高锰酸盐指数适用于哪类水质?
2. 水样采集后应怎样存储水样?
3. 高锰酸钾浓度过高或过低、温度过高或过低、加热时间过长或过短对实验有怎样的影响?
4. 除了酸性法,还有哪些方法可以测定水中高锰酸盐指数,与酸性法有何异同?
5. 水中高锰酸盐指数反映的是水中的哪类指标?

实验五 生化需氧量的测定

生活污水与工业废水中含有大量各类有机物。当其污染水域后,这些有机物在水体中分解时要消耗大量溶解氧,从而破坏水体中氧的平衡,使水质恶化,因缺氧造成鱼类及其他水生生物的死亡,这样的污染事故在我国时有发生。

水体中所含有的有机物成分复杂,难以一一测定其成分,人们常常利用水中有机物在一定条件下所消耗的氧来简单表示水体中有机物的含量,生化需氧量即属于这类重要指标之一。

活性污泥曝气降解法

【实验目的】

1. 了解生化需氧量的测定方法及原理。
2. 掌握活性污泥曝气降解法测定生化需氧量的方法。

【方法原理】

在温度为 $30 \sim 35℃$ 时,用活性污泥强制曝气降解样品 2h,经重铬酸钾消解生物降解前、后的样品,测定生物降解前和生物降解后的化学需氧量,其差值即为 BOD。可根据与标准方法的对比试验结果换算为 BOD_5。

【实验仪器及试剂】

1. 仪器

（1）BOD培养器：可自动恒温30～50℃，连续曝气48h以上，并能对活性污泥进行曝气培养。

（2）BOD降解管：与BOD培养器配套使用，容积为150mL。

（3）活性污泥培养器：恒温25～30℃，可与BOD培养器连接，连续曝气。

（4）高速离心机：最高转速可达到16000r/min。

（5）低速离心机：转速400～4000r/min。

（6）20mL具刻度离心管。

2. 试剂

（1）营养盐溶液：

① 磷酸盐缓冲溶液：将8.5g磷酸二氢钾（KH_2PO_4）、21.75g磷酸氢二钾（K_2HPO_4）、33.4g磷酸氢二钠（Na_2HPO_4）和1.7g氯化铵溶于500mL水中，用水稀释至1000mL。

② 硫酸镁溶液：将22.5g硫酸镁（$MgSO_4$）溶于水中，用水稀释至1000mL。

③ 氯化钙溶液：将27.5g氯化钙（$CaCl_2$）溶于水中，用水稀释至1000mL。

④ 氯化铁溶液：将0.25g氯化铁（$FeCl_3$）溶于水中，用水稀释至1000mL。

（2）活性污泥：

① 采集与保存：将生化处理厂曝气池活性污泥装入塑料桶中（要超过容积的2/3），并用2～3层纱布罩在桶口上。在实验室保存活性污泥，可连接在生物培养器装置上，曝气保存；也可将污泥澄清，弃去上清液，装于塑料瓶中，在0～4℃冰箱中保存。使用时将污泥倒入培养器中，加入葡萄糖5～10g，待测废水10～50mL，磷酸盐缓冲溶液10mL，在25～35℃曝气培养24h。活性污泥也可以用废水，加营养液、葡萄糖曝气培养，生长出絮状胶体，即活性污泥。

② 活性污泥的预处理：取约18mL污泥倒入20mL刻度离心管中，在1400r/min下，离心3min，弃去上清液。再加入活性污泥，反复几次，待刻度离心管中的污泥约为3mL，用水洗五六次，备用。检查活性污泥是否洗净，采用紫外扫描方法，即将活性污泥洗涤6次，取离心后的上清液在220～370nm扫描，并同时与水空白比较，两条吸收曲线相近即可。

【实验步骤】

1. 取2.00mL混合均匀的水样（或经稀释后的水样2.00mL），测定$COD_{前}$值。

2. 取50mL混合均匀的水样（或经稀释后的水样50mL）于BOD降解管中。

3. 加入洗净的活性污泥3mL，氯化钙溶液1mL，硫酸镁溶液1mL，三氯化铁溶液1mL，缓冲溶液5mL。

4. 将BOD降解管置于BOD培养器中，连接气路。在30～35℃连续曝气2h。如液面降低，需加水至原体积，摇匀，静置。

5. 取上层清液 3～5mL 在高速离心机上,以 14000r/min 的速度,离心分离 3min,然后迅速取 2.00mL 上层清液,测定 $COD_后$ 值。

【计算】

生化需氧量 BOD 由下式计算:

$$BOD(以 O_2 计,mg/L) = (COD_前 - COD_后)$$

$$BOD_5(以 O_2 计,mg/L) = bx + a$$

式中:$COD_前$ 为降解前 COD 值,mg/L;

$COD_后$ 为降解后 COD 值,mg/L;

x 为本方法测得的 BOD_5,mg/L;

b 为稀释接种法与本方法测定结果回归曲线的斜率;

a 为稀释接种法与本方法测定结果回归曲线的截距。

【注意事项】

1. 活性污泥的性状是试验成功与否的关键,在培养活性污泥时,要掌握好污泥生长的条件:即温度在 25～30℃;曝气量充分,并能不断搅拌;使碳、氮、磷有适当比例;只用废水驯化污泥,可以测定各种不同的工业废水。

2. 曝气时间可以通过对降解进程中水样的直接扫描来确定。如 0、1、1.5、2、2.5、2.8h,波长为 220～380nm。如降解前后两条扫描曲线几乎重合,即可认为:在相应条件下,水样降解已达到终点。若此时间为 2.5h,则今后对于这种废水的降解时间定为 2.5h。

3. 高速离心活性污泥测定 $COD_后$,吸样时,不能带进污泥,否则 $COD_后$ 高,测定结果偏低。

4. 从经过验证的印染、造纸、毛纺、制革、石化、焦化、冶炼、城市污水、油田、电厂、制药、麻纺的废水 BOD_5 与 BOD 的测定值经统计回归,其斜率 0.45～0.69,平均 0.558,其产生的误差为 ＋10.8%～＋13.2%。正负未超过 25%。因此,规定其换算系数为 $b=0.558$。截距最大值 3.6,最小值 0.51,平均 2.06,规定截距为 $a=2$,则在一般情况下,上述已验证过的工业废水,其换算公式为:$BOD_5 = 0.558x + 2$(x 为本方法测得的 BOD_5,单位为 mg/L)。

对于未经验证的废水,需用同一水样做 BOD_5 和 BOD,经统计回归,再进行换算。

5. 在测定表扬时,由于葡萄糖、谷氨酸在规定条件下,可降解 90% 以上,因此换算系数 0.665～0.75,平均为 0.703。

【思考题】

1. 哪些因素对实验有影响以及如何消除干扰?

2. 活性污泥的培养过程中应注意哪些问题?

3. 活性污泥中毒后所测的值有何误差?

4. 该方法适用于哪类水?

实验六 茶叶中 F⁻ 含量的测定

【实验目的】

1. 掌握离子色谱法的原理和使用方法。
2. 掌握测定样品预处理的方法。

【实验原理】

离子色谱法(ion chromatograph)是 20 世纪 70 年代发展起来的一种主要用于测定阴离子的方法,具有快捷、灵敏、选择性好等特点,在医药、环境分析中应用较为广泛。

离子色谱仪为离子色谱分析所使用的专门仪器。它和一般的液相色谱仪的基本构造和工作原理一样,最基本的单元组件也是高压输液泵、进样器、色谱柱、检测器和数据处理系统(记录仪、积分仪或色谱工作站)。此外,还可根据需要配置流动相在线脱气装置、梯度洗脱装置、自动进样系统、流动相抑制系统、柱后反应系统和全自动控制系统等。专用离子色谱仪不同于普通液相色谱仪的主要之处有:使用的常规检测器不是紫外检测器,而是电导检测器;所用的分离柱不是液相色谱所用的吸附型或分配型柱,而是以离子交换剂作填料的分离柱,而且柱容量比普通的高效液相色谱柱小得多。

【实验仪器及试剂】

1. 离子色谱仪(LC-10Asp);电导检测仪(CDD-10Asp);泵(LC-10ADsp);色谱柱(IC-SA2,40mm×250mm);以上仪器均为日本岛津公司生产。所用试剂均为分析纯,实验用水为高纯水(电导率:18.2MΩ/cm)。

2. 1mg/mL F^-、NO_2^-、Br^-、NO_3^- 的配制:取分析纯 NaF、NaCl、NaNO₂、KBr、NaNO₃ 适量,加入高纯水,使各阴离子浓度为 1mg/mL。

3. 1.5mg/mL PO_4^{3-}、SO_4^{2-} 的配制:取分析纯 Na₃PO₄、Na₂SO₄ 适量,加入高纯水,使各阴离子浓度为 1.5mg/mL。

4. 混合标准贮备液的配制:取上述阴离子溶液各 10mL,置于 100mL 容量瓶中,加入高纯水至刻度。

5. 混合标准溶液的配制:分别取混合标准贮备液 2、4、6、8、10mL,分别放入 25mL 容量瓶中,加入高纯水至刻度。

色谱条件:

淋洗液浓度为 12mmol/L NaHCO₃ - 0.6mmol/L Na₂CO₃ 混合液,流动相流速为 1.0mL/min,柱温 30℃,茶叶浸出液经 0.45mm 微孔滤膜过滤后直接进样,进样量 20mL。

F⁻标准溶液的配制:

先配制 1000ppm 的 F⁻,然后依次稀释,配制成 2、4、6、8ppm 的 F⁻,绘制标准曲线。

【实验步骤】

1. 样品处理

将茶叶在 80℃ 的烘箱中干燥 2h,然后用捣碎机粉碎,过 60 目筛。称取 1.00g,置于 100mL 锥形瓶中,加水 90mL,于 95℃ 的水浴中浸泡 15min,摇匀,用 $0.45\mu m$ 滤膜过滤,并加入高纯水稀释至 100mL。

2. 测定样品

将处理好的茶叶用离子色谱分析,分析后得出结论。

【数据记录及处理】

将实验数据记录于下表。

样品 1	F^-	样品 2	F^-

【注意事项】

1. F^- 的浓度不要超过 8ppm,如超过,适当稀释。
2. 样品必须先过滤才可以测定。

【思考题】

1. 如何进行茶叶样品的采集与预处理?
2. F^- 测定方法有哪几种?
3. 离子色谱仪的工作原理是什么?
4. 相关食品对氟含量的要求是多少?

实验七　废水中氨氮的测定——纳氏试剂比色法

【实验目的】

1. 了解水中氨氮测定的意义。
2. 掌握用纳氏试剂光度法测定氨氮的原理和技术,以及其他测定氨氮方法的原理。
3. 分光光度计的正确使用。

【实验原理】

氨与纳氏试剂(碘化汞和碘化钾的碱性溶液)反应生成淡红棕色胶态化合物,其色度与氨氮含量成正比,通常可在 410～425nm 波长范围内测定其吸光度,计算其含量。

本法最低检出浓度为 0.025mg/L(光度法),测定上限为 2mg/L。采用目视比色法,最低检出浓度为 0.02mg/L。水样做适当的预处理后,本法可适用于地表水、地下水、工业废水和生活污水中氨氮的测定。

【实验仪器及试剂】

1. 无氨水(可选用下列方法之一进行制备)

(1)蒸馏法:1L 蒸馏水中加 0.1mL 硫酸,在全玻璃蒸馏器中重蒸馏,弃去 50mL 初馏液,接取其余馏出液于具塞磨口的玻璃瓶中,密闭保存。

(2)离子交换法:使蒸馏水通过强酸性阳离子交换树脂柱。

2. 纳氏试剂(可选择下列方法之一制备)

(1)称取 20g 碘化钾溶于约 100mL 水中,边搅拌边分次少量加入二氯化汞($HgCl_2$)结晶粉末(约 10g),至出现朱红色沉淀不易溶解时,改为滴加饱和二氯化汞溶液,并充分搅拌,当出现微量朱红色沉淀不再溶解时,停止滴加氯化汞溶液。另称取 60g 氢氧化钾溶于水,并稀释至 250mL,冷却至室温后,将上述溶液徐徐注入氢氧化钾溶液中,用水稀释至 400mL,混匀。静置过夜,将上清液移入聚乙烯瓶中,密封保存。

(2)称取 16g 氢氧化钠,溶于 50mL 水中,充分冷却至室温。另称取 7g 碘化钾和 10g 碘化汞(HgI_2)溶于水,然后将此溶液在搅拌下缓缓注入氢氧化钠溶液中。用水稀释至 100mL,贮于聚乙烯瓶中,密封保存。

(3)酒石酸钾钠溶液:称取 50g 酒石酸钾钠($KNaC_4H_4O_6 \cdot 4H_2O$)溶于 100mL 水中,加热煮沸以除去氨,放冷,定容至 100mL。

(4)铵标准贮备溶液:称取 3.819g 经 100℃ 干燥过的优级纯氯化铵(NH_4Cl)溶于水中,移入 1000mL 容量瓶中,稀释至标线。此溶液 1mL 含 1.00mg 氨氮。

(5)铵标准使用溶液:移取 5.00mL 铵标准贮备液于 500mL 容量瓶中,用水稀释至标线。此溶液 1mL 含 0.010mg 氨氮。

【实验步骤】

1. 水样预处理

如果水样较清洁可直接测定。如水样受污染,一般按下列步骤进行。

(1)絮凝沉淀法

取 100mL 水样,加入 1mL 10％硫酸锌溶液,滴加 0.1～0.2mL 25％氢氧化钠溶液,调节 pH 至 10.5 左右,混匀。放置使沉淀,用经无氨水充分洗涤过的中速滤纸过滤,弃去初滤液 20mL。

(2)蒸馏法

① 蒸馏装置的预处理:加 250mL 水样于凯氏烧瓶中,加 0.25g 轻质氧化镁和数粒玻璃珠,加热蒸馏至馏出液不含氨为止(可用纳氏试剂检验),弃去瓶内残液。

② 量取水样 250mL 放入凯氏烧瓶中(如预先实验知水样含氨氮含量较大,则取适当

量的水样,用无氨水稀释至 250mL,使氨氮含量不超过 2.5mg),加数滴溴百里酚蓝指示剂,用盐酸或氢氧化钠溶液调节 pH 至 7.0 左右。加 0.25g 轻质氧化镁和数粒玻璃珠,立即连接氮球和冷凝管,将导管末端浸入盛以 50mL 2%硼酸溶液作为吸收液的 250mL 的容量瓶中。加热蒸馏,至馏出液达 200mL 时,停止蒸馏,定容至 250mL。

2. 测定

(1)标准曲线的绘制

① 分别吸取铵标准溶液(含氨氮 10μg/mL)0.00、0.50、1.00、2.00、3.00、5.00、7.00、10.00mL 于 50mL 比色管,加无氨水稀释至刻度,加入 1.0mL 酒石酸钾溶液,混匀。再加入 1.5mL 的纳氏试剂,混匀。放置 10min 显色,在波长 420nm 处用 20mm 比色皿,以水为参比测量吸光度。

② 由测得的吸光度,减去零浓度空白的吸光度后,得到校正吸光度,绘制以氨氮含量(mg)对校正吸光度的校准曲线。

(2)水样的测定

如为较清洁的水样,直接取 50mL 澄清水样置于 50mL 比色管中。一般水样则取用上述方法预处理的水样 50mL,同样置于 50mL 比色管中。若氨氮含量太高,可酌情取适量水样用无氨水稀释至 50mL。以下操作同校准曲线的绘制。放置 10min 显色,在波长 420nm 处用 20mm 比色皿,以水为参比测量吸光度。从标准曲线上查得水样的氨氮含量(mg/L)。

(3)空白试验

以无氨水代替水样,以下操作同校准曲线的绘制。放置 10min 显色,在波长 420nm 处用 20mm 比色皿,以水为参比测量吸光度。从标准曲线上查得水样的氨氮含量(mg/L)。

【数据记录及处理】

1. 数据记录

将绘制标准曲线实验数据记录于下表。

铵标准溶液/mL	0.00	0.05	1.00	2.00	3.00	5.00	7.00	10.00
吸光度								
V(水样体积)/mL								

2. 数据处理

由水样测得的吸光度减去空白试验的吸光度后,从标准曲线上查得氨氮含量(mg)。

$$氨氮含量(以 N 计,mg/L) = \frac{m \times 1000}{V}$$

式中:m 为由标准曲线上查得的氨氮含量,mg;

　　　V 为水样体积,mL。

【注意事项】

1. 纳氏试剂中碘化汞与碘化钾的比例对显色反应的灵敏度有较大影响。静置后生成的沉淀应除去。

2. 滤纸中常含痕量铵盐,使用时注意用无氨水洗涤。所用玻璃器皿应避免实验室空气中氨氮的污染。

【思考题】

1. 氨氮在水中以怎样的形式存在?

2. 在实验中哪些因素将影响氨氮的测定?如何排除这些干扰因素?

3. 污水中氨氮的各个等级排放标准如何?

4. 有哪些措施可以降低水中氨氮含量?

5. 水的 pH 和水温对氨氮的存在形式及其存在比例有何影响?

实验八　废水中总有机碳的测定

【实验目的】

1. 了解水体总有机碳(TOC)的测定原理。

2. 掌握用燃烧氧化-非色散红外吸收法测定 TOC 的技术。

【实验原理】

总有机碳(TOC),是以碳的含量表示水体中有机物质总量的综合指标。由于 TOC 的测定采用燃烧法,因此能将有机物全部氧化,它比 BOD_5 或 COD 更能直接表示有机物的含量,因此常常用来评价水体中有机物污染的程度。

近年来,国内外已研制成各种类型的 TOC 分析仪。按工作原理不同,可分为燃烧氧化-非分散红外吸收法、电导法、气相色谱法、湿法氧化-非色散红外吸收法等。其中燃烧氧化-非色散红外吸收法只需一次性转化,流程简单,重现性好,灵敏度高,因此这种 TOC 分析仪广为国内外所采用。

本实验应用的 TOC 分析仪是采用差减法测定总有机碳。水样分别被注入高温燃烧管(900℃)和低温反应管(150℃)中。经高温燃烧管的水样受高温催化氧化,使有机化合物和无机碳酸盐均转化为二氧化碳。经低温反应管的水样受酸化而使无机碳酸盐分解成二氧化碳。两者所生成的二氧化碳依次导入非色散红外检测器,从而分别测得水中的总碳(TC)和无机碳(IC)。总碳与无机碳的差值即为总有机碳。该仪器的测量范围一般不超过 500ppm,如果超过的话,最好能加以稀释;如果样品浑浊而且悬浮物过多,则应该加以沉淀或过滤。

【实验仪器及试剂】

1. 仪器

非色散红外吸收 TOC 分析仪,0～50μL 的微量注射器。

2. 试剂

(1) 邻苯二甲酸氢钾。

(2) 无水碳酸钠。

(3) 碳酸氢钠。

(4) 无二氧化碳蒸馏水:将重蒸馏水煮沸蒸发,待蒸发损失量达 10％为止。稍冷,立即倾入瓶口插有碱石灰的广口瓶中,用来配制标准溶液时使用的无二氧化碳蒸馏水。

(5) 总碳标准贮备液:称取在 115℃干燥 2h 后的邻苯二甲酸氢钾 2.125g,溶解于水中,转移到 1000mL 容量瓶中,用水稀释至刻度线并混匀,可在低温(4℃)条件下冷藏保存 40d。

(6) 总碳标准溶液:准确吸取 10.00mL 的有机碳贮备液,置于 50mL 容量瓶中,用水稀释至刻度线。

(7) 无机碳标准贮备液:称取干燥后的碳酸氢钠 3.500g 和在 270℃干燥后的无水碳酸钠 4.41g,溶于水中并转移到 1000mL 容量瓶中,用水稀释至刻度线。

(8) 无机碳标准溶液:准确吸取 10.00mL 无机碳标准贮备液,置于 50mL 容量瓶中用水稀释至刻度线。

(9) (1＋1)硫酸。

【实验步骤】

1. 标准曲线的绘制

分别吸取 0、0.5、1.0、2.5、5.0、10.0、20.0mL 总碳和无机碳标准溶液于 25mL 比色管中,用水稀释至刻度线。配成含 0、4.0、8.0、20.0、40.0、80.0、160mg/L 的总碳和无机碳两个系列标准溶液。

分别移取 20μL 不同浓度的总碳标准系列溶液,注入燃烧管进口,测量记录仪上出现的吸收峰值,与对应浓度作图,绘制总碳标准曲线。

分别移取 20μL 不同浓度的无机碳标准系列溶液,注入反应器口,记录峰值,与对应浓度作图,绘制无机碳标准曲线。

2. 水样的测定

吸取混合水样 20μL,分别注入燃烧管进口及反应器进口,读取峰高。重复进行两三次,使测得的峰高的相对偏差在 10％内为止,求其峰高均值。从上述两个标准曲线上分别查得相应的总碳和无机碳值。

3. 数据处理

$$TOC 含量(mg/L)＝TC－IC$$

式中:TC 为总碳的含量,mg/L;

IC 为无机碳的含量,mg/L。

附　TOC-V CPH 操作说明

1. 开启载气,调节减压阀至 0.4～0.6MPa;打开主机和计算机,进入 TOC – Control V 系统,双击 Sample Table Editor。点击 New,在出现的框内选择 Sample Run,确定进入。

2. 点击 Connect,点击 Operation Setting Send 使 TOC 与计算机连接。打开主机门,调节 Pressure 旋钮,使压力表指示为 200kPa,调节 Carrier Gas 旋钮,使流量表指示为 150mL/min。等待大约 30min,直到 TOC 门上的绿灯亮,可以进行样品测定。

3. 点击 New 后,在对话框中选择 Calibration Curve,点击 Next。

4. 在 cal. Type 中选择 Edit Calibration Points Manually 和 Fixed Standard Solution/Variable,在 Analysis 分析项中,选择 IC 或 TC,NPOC。Default Sample:输入样品名,Default Sample ID:输入 ID 号,Calibration:选择 Linear Regression(线性回归),Zero Shift(零点偏移):根据需要选择,在 File 栏中输入文件名,点击 Next。

5. 在 Unit 选择单位,在 No. of 输入进样次数,在 No. of Washes 输入清洗次数,在 SD Max 和 CV Max 输入最大标准偏差和变异系数,点击 Next。

6. 点击 Add,输入第一点的标样浓度,点击(2),然后点击 Add,输入第二点的标样浓度,第三、四、五点以同样方法输入,点击 Next,直到完成。

7. 在 Insert 菜单中选 Calibration Curve,然后选择文件名,打开,再点击 Start,进行测量。根据对话框提示,以此测量,至全部样品完成。

8. 在 File 菜单中,点 Page Setup,选择要打印的内容,然后点 Print Preview,再点打印,就可以进行报告打印。

9. 在 Instrument 菜单中选择 Standby,然后选择 Shut Down Power,点 Close,仪器在 30min 后自动关电源。

【注意事项】

1. 水样采集后,必须贮存于棕色试剂瓶中。常温下水样可保存 24h。若不能及时分析,水样可加硫酸调节 pH 至 2 并冷藏于 40℃条件下,可保存 7d。

2. 当分析含高氮阴离子的水样时,可影响红外吸收,因此必要时可用无二氧化碳蒸馏水稀释后再测定。水样含大颗粒悬浮物时,由于受水样注射器针孔的限制,测定结构不包括全部颗粒态总碳。

【思考题】

1. 用差减法测定总有机碳时会出现负值的原因是什么?

2. 测得的总碳小于实际的总碳的原因是什么?

3. 哪些因素会影响总碳的测定?

4. 非色散红外吸收法测定 TOC 仪的工作原理是什么?

实验九　水中溶解氧的测定——碘量法

【实验目的】

1. 了解测定溶解氧(DO)的意义和方法。
2. 掌握用碘量法测定 DO 的操作方法。

【实验原理】

水样中加入硫酸锰和碱性碘化钾溶液时,水中溶解氧能将低价锰氧化成四价锰,生成四价锰的氢氧化物棕色沉淀。加酸后,氢氧化物沉淀溶解并与碘离子反应释放出游离碘。根据这个原理,以淀粉为指示剂,用硫代硫酸钠滴定释放出的碘,可计算溶解氧的含量。

$$2MnSO_4 + 4NaOH \longrightarrow 2Mn(OH)_2 \downarrow (白色) + 2Na_2SO_4$$
$$2Mn(OH)_2 + O_2 \longrightarrow 2H_2MnO_3 \downarrow (棕色)$$
$$H_2MnO_3 + 2H_2SO_4 + 2kI \longrightarrow MnSO_4 + I_2 + K_2SO_4 + 3H_2O$$
$$I_2 + 2Na_2S_2O_3 \longrightarrow 2NaI + Na_2S_4O_6$$

【实验仪器及试剂】

1. 仪器

250～300mL 溶解氧瓶。

2. 试剂

(1) 硫酸锰溶液:称取 480g $MnSO_4 \cdot 4H_2O$ 溶解于水中,稀释至 1000mL。

(2) 碱性碘化钾溶液:称取 500g 氢氧化钠溶于 300～400mL 水中,另称取 150g 碘化钾溶于 200mL 水中,待氢氧化钠溶液冷却后,将两种溶液混合,稀释至 1000mL。若有沉淀,则放置过夜后倾出上清液,贮于棕色瓶中,用橡皮塞塞紧,避光保存。

(3) (1+5)硫酸溶液。

(4) 1%淀粉溶液:称 1g 可溶性淀粉,用少量水调成糊状,加入刚煮沸的水稀释至 100mL,冷却后加 0.1g 水杨酸或 0.4g 氯化锌防腐。

(5) 重铬酸钾标准溶液(0.0250mol/L):称取于 105～110℃烘干 2h 并冷却的优级纯重铬酸钾 1.2258g,溶于水,移入 1000mL 容量瓶中,用水稀释至刻度,摇匀。

(6) 浓硫酸。

(7) 硫代硫酸钠溶液:称取 3.2g 硫代硫酸钠($Na_2S_2O_3 \cdot 5H_2O$)溶于煮沸放冷的水中,加入 0.2g 碳酸钠,用水稀释至 1000mL,贮于棕色瓶中。使用前用 0.0250mol/L 重铬酸钾标准溶液标定,标定方法为:

于 250mL 碘量瓶中,加入 100mL 水和 1g 碘化钾,加入 10.00mL 0.0250mol/L 重铬酸钾标准溶液、5.00mL (1+5)硫酸溶液,密塞,摇匀。于暗处静置 5min。用硫代硫酸钠溶液滴定至溶液呈淡黄色,加入 1mL 淀粉溶液,继续滴定至蓝色刚好褪去为止,记录消耗硫代硫酸钠量,按下式计算硫代硫酸钠溶液浓度。

$$M = \frac{10.00 \times 0.0250}{V}$$

式中:M 为硫代硫酸钠溶液的浓度,mol/L;

　　　V 为滴定时消耗硫代硫酸钠溶液的体积,mL。

【实验步骤】

1. 溶解氧的固定

用吸管插入溶解氧瓶的液面下,加入 1mL 硫酸锰溶液、2mL 碱性碘化钾溶液,盖好瓶塞,颠倒混合数次,静置。待棕色沉淀物降至瓶内一半时,再颠倒混合一次,待沉淀物降到瓶底。一般在现场取样时固定。

2. 析出碘

轻轻打开瓶塞,立即用吸管插入液面下加入 2mL 浓硫酸,小心盖好瓶塞,颠倒混合摇匀至沉淀物全部溶解为止(如沉淀物溶解不完全,需再加少量酸使其全部溶解)。放置暗处 5min。

3. 滴定

移取 100mL 上述溶液于 250mL 锥形瓶中,用硫代硫酸钠标准溶液滴定到溶液呈淡黄色,加入 1mL 淀粉溶液,继续滴定至蓝色刚好褪去为止。记录硫代硫酸钠溶液用量。

【数据记录及处理】

1. 数据记录

将实验数据记录于下表。

M(硫代硫酸钠的浓度)/(mol/L)	
V(滴定时消耗硫代硫酸钠的体积)/mL	

2. 数据处理

$$溶解氧含量(以\ O_2\ 计,mg/L) = \frac{M \times V \times 8 \times 1000}{100}$$

式中:M 为硫代硫酸钠溶液的浓度,mol/L;

　　　V 为滴定时消耗硫代硫酸钠溶液体积,mL。

【注意事项】

1. 如水样中含有氧化性物质(如游离氯大于 0.1mg/L 时),应预先加入相当量的硫代硫酸钠去除。即用两个溶解氧瓶各取一瓶水样,在其中一瓶加入 5mL (1+5)硫酸和 1g 碘化钾,摇匀,此时游离出碘。以淀粉作为指示剂,用硫代硫酸钠溶液滴定至蓝色刚褪,记下用量。于另一瓶水样中,加入同样量的硫代硫酸钠溶液,摇匀后,按上述步骤进行固定和测定。

2. 水样中如含有大量悬浮物,由于吸附作用要消耗较多的碘而干扰测定,可在采样瓶中用吸管插入液面下,加入 1mL 的 10％明矾[KAl(SO_4)_2·12H_2O]溶液,再加入 1~2mL 浓氨水,盖好瓶塞,颠倒混合。放置 10min 后,将上清液虹吸至溶解氧瓶中,进行固定和测定。

3. 水样中如含有较多亚硝酸盐氮和亚铁离子,由于它们的还原作用而干扰测定,可采用叠氮化钠修正法或高锰酸钾修正法进行测定。

【思考题】

1. 测定溶解氧时,当加入硫酸锰和碱性碘化钾溶液后,如果发现白色沉淀,是什么原因?

2. 为什么碘量法要在中性或弱酸性溶液中进行?

3. 水样中有还原干扰时,对测定结果有何影响?试写出用 $KMnO_4^-$ 草酸体系消除这些干扰的反应式。

4. 加入 $MnSO_4$ 溶液、碱性 KI 溶液和浓 H_2SO_4 时,为什么定量吸管必须插入液面以下?

实验十　水中总磷的测定

【实验目的】

1. 掌握钼锑抗分光光度法测定水中总磷的原理以及步骤。
2. 掌握测定总磷时水样的消解方法。

【实验原理】

在中性条件下,用硝酸-硫酸使试样消解,将所含磷全部氧化为正磷酸盐。在酸性条件下,正磷酸盐与钼酸铵反应,在酒石酸锑氧钾存在下生成磷钼杂多酸后,立即被抗坏血酸还原,生成蓝色的络合物,该络合物在 700nm 处有最大吸收。

【实验仪器及试剂】

1. 仪器
可调温电炉;125mL 凯氏烧瓶;分光光度计。
2. 试剂
(1) 硝酸。
(2) 硫酸($\frac{1}{2}$ H_2SO_4):1mol/L。

（3）氢氧化钠溶液：1mol/L，6mol/L。

（4）1‰酚酞指示液：将 1g 酚酞溶于 100mL 的乙醇中。

（5）（1+1）硫酸。

（6）10％抗坏血酸溶液：溶解 10g 抗坏血酸于水中，并稀释至 100mL。该溶液贮存在棕色玻璃瓶中，在 4℃可稳定几周。

（7）钼酸盐溶液：溶解 13g 钼酸铵于 100mL 水中。溶解 0.35g 酒石酸锑氧钾溶液于 100mL 水中。在不断搅拌下，将钼酸铵溶液缓慢加到 300mL（1+1）硫酸中，加酒石酸锑氧钾溶液并混合均匀，贮存在棕色玻璃瓶中，在 4℃可稳定至少两个月。

（8）磷酸盐贮备液：将磷酸二氢钾于 110℃干燥 2h，在干燥器中冷却。称取 0.2170g 溶于水，移入 1000mL 容量瓶中。加（1+1）硫酸 5mL 用水稀释至标线。此溶液 1mL 含 50.0μg 磷（以 P 计）。

（9）磷酸盐标准溶液：吸取 10.00mL 磷酸盐贮备液于 250mL 容量瓶中，用水稀释至标线，此溶液 1L 含 2.00μg 磷。临用时现配。

【实验步骤】

1. 水样消解

吸取 25.0mL 水样置于凯氏烧瓶中，加数粒玻璃珠，加 2mL（1+1）硫酸及 2～5mL 硝酸。在可调温电炉加热至冒白烟。如液体尚未澄清透明，放冷后，加 5mL 硝酸，再加热至冒白烟，并获得透明液体。冷却后加入约 30mL 纯水，加热煮沸约 5min。冷却后，加 1 滴酚酞指示液，滴加氢氧化钠溶液至刚呈微红色，滴加 1mol/L 硫酸溶液使红色正好褪去，充分混合，移至 50mL 比色管中。如溶液浑浊，则用滤纸过滤，并使用水洗凯氏烧瓶和滤纸，一并移入比色管中，稀释至标线，供分析用。

2. 标准曲线绘制

取数支 50mL 具塞比色管，分别加入磷酸盐标准液使用液 0、0.50、1.00、3.00、5.00、10.00、15.00mL，加水至 50mL。分别向比色管中加入 1mL 10％抗坏血酸溶液，混匀。30s 后加入 2mL 钼酸盐溶液充分混匀，放置 15min。用 10mm 或 30mm 比色皿，于 700nm 波长处，以零浓度溶液为参比，测量吸光度。

3. 样品测定

分别取适量水样（使含磷不超过 30μg）于比色管中，用水稀释至标线。以下按绘制标准曲线的步骤进行显色、测定。减去空白试验测得的吸光度，并从校准曲线上查出磷含量。

【计算】

$$磷酸盐含量（以 P 计，mg/L）= \frac{m}{V}$$

式中：m 为由校准曲线查得的磷量，μg；

V 为所取水样体积，mL。

【注意事项】

1. 配制钼酸铵溶液时,应注意将钼酸铵水溶液徐徐加入硫酸溶液中,如相反操作,则可导致显色不充分。

2. 操作所用的玻璃器皿,可用(1+5)的盐酸浸泡 2h,或用不含磷酸盐的洗涤剂刷洗。

3. 磷浓度低的水样,可制备低浓度的校准曲线,并使用 50mm 比色皿。

4. 消解时要在通风橱中进行,绝对不能将消解液蒸干。

【思考题】

1. 如果水样浑浊或有颜色,应怎样测定水样中的磷?

2. 采用此方法的最低检出限浓度及最上限浓度分别是多少?

3. 水样的消解有哪几种方法?

4. 磷在水中以哪种形式存在?

5. 如果只对水样进行加热煮沸,测得的磷是什么形态的磷?

实验十一　污水和废水中油的测定

【实验目的】

掌握用重量法测定污水和废水中油的方法,以及适用范围。

【实验原理】

以硫酸酸化水样,用石油醚萃取矿物油,蒸除石油醚后,称其重量。

此法测定的是酸化样品中可被石油醚萃取的、且在试验过程中不挥发的物质总量。溶剂去除时,使得轻质油有明显损失。由于石油醚对油有选择地溶解,因此,石油的较重成分中可能含有不为溶剂萃取的物质。

【实验仪器及试剂】

1. 仪器

(1) 分析天平。

(2) 恒温箱。

(3) 恒温水浴锅。

(4) 1000mL 分液漏斗。

(5) 干燥器。

(6) 直径 11cm 中速定性滤纸。

2．试剂

(1) 石油醚：将石油醚(沸程30～60℃)重蒸馏后使用。每100mL石油醚的蒸干残渣不应大于0.2mg。

(2) 无水硫酸钠：在300℃马福炉中烘1h，冷却后装瓶备用。

(3) (1+1)硫酸：将浓硫酸溶液缓缓倒入同体积水中。

(4) 氯化钠(化学纯)。

【实验步骤】

1．在采集瓶上做一容量记号后(以便以后测量水样体积)，将所收集的大约1L已经酸化(pH＜2)的水样，全部转移至分液漏斗中，加入氯化钠，其量约为水样量的8%。用25mL石油醚洗涤采样瓶并转入分液漏斗中，充分摇匀3min，静置分层并将水层放入原采样瓶内，石油醚层转入100mL锥形瓶中。用石油醚重复萃取水样两次，每次用量25mL，合并三次萃取液于锥形瓶中。

2．向石油醚萃取液中加入适量无水硫酸钠(加入至不再结块为止)，加盖后，放置0.5h以上，以便脱水。

3．用预先以石油醚洗涤过的定性滤纸过滤，收集滤液于100mL已烘干至恒重的烧杯中，用少量石油醚洗涤锥形瓶、硫酸钠和滤纸，洗涤液并入烧杯中。

4．将烧杯置于(65±5)℃水浴上，蒸出石油醚。近干后再置于(65±5)℃恒温箱内烘干1h，然后放入干燥器中冷却30min，称量。

【数据记录及处理】

1．数据记录

将实验数据记录于下表。

m_1(烧杯＋油总质量)/g	m_2(烧杯质量)/g	V(水样体积)/mL

2．数据处理

$$油含量(mg/L) = \frac{(m_1 - m_2) \times 10^6}{V}$$

式中：m_1 为烧杯加油总质量，g；

$\quad\quad m_2$ 为烧杯质量，g；

$\quad\quad V$ 为水样体积，mL。

【注意事项】

1．分液漏斗的活塞不要涂凡士林。

2．测定废水中石油类时，若含有大量动、植物性油脂，应取内径20mm、长300mm、一端呈漏斗状的硬质玻璃管,填装 100mm 厚活性层析氧化铝(在 150～160℃活化 4h,未完全冷却前装好柱),然后用 10mL 石油醚清洗。将石油醚萃取液通过层析柱,除去动、植物性油脂,收集流出液于恒重的烧杯中。

3. 采样瓶应为清洁玻璃瓶,用洗涤剂清洗干净(不要用肥皂)。应定容采样,并将水样全部移入分液漏斗测定,以减少油附着于容器壁上引起的误差。

【思考题】

1. 水中油的测定方法有哪些?试比较它们的异同和适用条件。
2. 影响测定结果的因素有哪些?应如何避免?
3. 根据相关规定不同水质对水中油含量的要求是怎样的?
4. 水中油的来源以及常用的处理方法如何?

实验十二　大气中二氧化硫的测定

【实验目的】

1. 了解布点采样原则,选择适宜方法进行布点。
2. 掌握测定二氧化硫的采样和监测方法。

【实验原理】

空气中的二氧化硫被四氯汞钾溶液吸收后,生成稳定的二氯亚硫酸盐络合物,此络合物再与甲醛及盐酸副玫瑰苯胺发生反应,生成紫红色的络合物,据其颜色深浅,用分光光度法测定。按照所用的盐酸副玫瑰苯胺使用液含磷酸多少,分为两种操作方法。

方法一:含磷酸量少,最后溶液 pH 值 1.6±0.1,呈红紫色,最大吸收峰在 548nm 处,方法灵敏度高,但试剂空白值高。

方法二:含磷酸量多,最后溶液 pH 值 1.2±0.1,呈蓝紫色,最大吸收峰在 575nm 处,方法灵敏度较前者低,但试剂空白值低,是我国广泛采用的方法。

【实验仪器及试剂】

1. 仪器
(1) 多孔玻板吸收管(用于短时间采样);多孔玻板吸收瓶(用于 24h 采样)。
(2) 空气采样器(流量 0～1L/min)。
(3) 分光光度计。
2. 试剂
(1) 四氯汞钾吸收液(0.04mol/L):称取 10.9g 氯化汞($HgCl_2$)、6.0g 氯化钾和 0.07g 乙二胺四乙酸二钠盐(EDTA－Na_2),溶解于水,稀释至 1000mL。此溶液在密封容器中储存,可稳定 6 个月。如发现有沉淀,不能再用。

（2）甲醛溶液（2.0g/L）：量取 36％～38％甲醛溶液 1.1mL，用水稀释至 200mL，用时现配。

（3）氨基磺酸铵溶液（6g/L）：称取 0.60g 氨基磺酸铵（$H_2NSO_3NH_4$），溶解于 100mL 水中，临用现配。

（4）磷酸溶液（3mol/L）：量取 41mL 85％的浓磷酸，用水稀释至 200mL。

（5）碘贮备液$[c(\frac{1}{2}I_2)=0.10mol/L]$：称取 12.7g 碘于烧杯中，加入 40g 碘化钾和 25mL 水，搅拌至全部溶解后，用水稀释至 1000mL，贮于棕色细口瓶中。

（6）碘使用液$[c(\frac{1}{2}I_2)=0.010mol/L]$：量取 50mL 碘贮备液，用水稀释至 500mL，贮于棕色细口瓶中。

（7）2g/L 淀粉指示剂：称取 0.20g 可溶性淀粉，用少量水调成糊状物，慢慢倒入 100mL 沸水中，继续煮沸直到溶液澄清，冷却后贮于细口瓶中，临用现配。

（8）3.0g/L 碘酸钾标准溶液：称取约 1.5g 碘酸钾（优级纯，110℃烘干 2h），准确到 0.0001g，溶解于水，移入 500mL 容量瓶中，用水稀释至标线。

（9）（1＋9）盐酸溶液（V/V）：量取 100mL 浓盐酸，用水稀释至 1000mL。

（10）硫代硫酸钠溶液$[c(Na_2S_2O_3)=0.10mol/L]$：称取 25.0g 硫代硫酸钠（$Na_2S_2O_3 \cdot 5H_2O$），溶于 1000mL 新煮沸并已冷却的水中，加入 0.20g 无水碳酸钠，储于棕色细口瓶中，放置一周后标定其浓度，若溶液呈浑浊时，应该过滤。

（11）硫代硫酸钠溶液$[c(Na_2S_2O_3)=0.01mol/L]$：取 50.00mL 标定过的 0.10mol/L 硫代硫酸钠贮备液，置于 500mL 容量瓶中，用新煮沸并已冷却的水稀释至标线，摇匀。

标定方法：

吸取三份 0.1000mol/L 碘酸钾标准溶液 10.00mL 分别置于 250mL 碘量瓶中，加入 70mL 新煮沸并已冷却的水，加入 1g 碘化钾，摇匀至完全溶解后，加入（1＋9）盐酸溶液 10mL，立即盖好瓶塞，摇匀。于暗处放置 5min 后，用硫代硫酸钠溶液滴定至浅黄色，加入 2mL 淀粉溶液，继续滴定至蓝色刚褪去为终点，记录硫代硫酸钠溶液的用量。

按下式计算硫代硫酸钠溶液浓度：

$$c=\frac{0.1000\times10.00}{V}$$

式中：c 为硫代硫酸钠标准溶液的浓度，mol/L；

V 为滴定所消耗硫代硫酸钠标准溶液的体积，mL。

（12）二氧化硫标准溶液：称取 0.20g 亚硫酸钠及 0.010g 乙二胺四乙酸二钠，将其溶解于 200mL 新煮沸并已冷却的水中，轻轻摇匀（避免振荡，以防充氧）。放置 2～3h 后标定。此溶液 1mL 相当于含 320～400μg 二氧化硫。

标定方法：

吸取三份 20.00mol/L 二氧化硫标准溶液，分别置于 250mL 碘量瓶中，加入 50mL 新煮沸并已冷却的水、20.00mL 碘使用液及 1mL 冰乙酸，盖塞，摇匀。于暗处放置 5min 后，用硫代硫酸钠溶液滴定至浅黄色，加入 2mL 淀粉溶液，继续滴定至蓝色刚褪去为止，记录硫代硫酸钠溶液的用量 V；

另取三份 EDTA - Na_2 溶液 20.00mL，用同样方法进行空白试验。记录硫代硫酸钠溶液的用量 V_0；

平行样滴定所消耗硫代硫酸钠体积之差不应大于 0.04mL，取平均值。二氧化硫标准溶液浓度按下式计算：

$$c = \frac{(V_0 - V) \times c(Na_2S_2O_3) \times 32.02 \times 1000}{20.00}$$

式中：c 为二氧化硫标准溶液的浓度，$\mu g/mL$；

    V_0 为空白滴定时所消耗硫代硫酸钠标准溶液的体积，mL；

    V 为二氧化硫标准溶液所消耗硫代硫酸钠标准溶液的体积，mL；

    $c(Na_2S_2O_3)$ 为硫代硫酸钠标准溶液的浓度，mol/L；

    32.02 为 $\frac{1}{2}$ 二氧化硫（$\frac{1}{2}SO_2$）的摩尔质量，g/mol。

根据计算的二氧化硫标准溶液浓度，用四氯汞钾吸收液稀释成 1mL 含 $2.00\mu g$ 二氧化硫的标准使用液，此溶液用于绘制标准曲线，在冰箱中保存，可稳定 20d。

（13）盐酸副玫瑰苯胺贮备液（0.2%）：称取 0.20g 经提纯的盐酸副玫瑰苯胺，溶解于 100mL 1.0mol/L 盐酸溶液中。

（14）盐酸副玫瑰苯胺使用液（0.016%）：吸取 0.2% 盐酸副玫瑰苯胺贮备液 20.00mL 于 250mL 容量瓶中，加 3mol/L 磷酸溶液 200mL，用水稀释至标线。至少放置 24h 方可用，存于暗处可稳定 9 个月。

（15）磷酸溶液[$c(H_3PO_4) = 3mol/L$]：量取 41.85% 的磷酸，用水稀释至 200mL。

【实验步骤】

1. 标准曲线的绘制

取 8 支 25mL 具塞比色管，按下表所示配制标准色度。

表 3-3 二氧化硫标准色度表

管号	0	1	2	3	4	5	6	7
二氧化硫标准液/mL	0	1.50	2.50	3.50	4.00	4.50	5.50	6.75
四氯汞钾吸收液/mL	12.50	11.00	10.00	9.00	8.50	8.00	7.00	5.75
二氧化硫含量/μg	0	3.00	5.00	7.00	8.00	9.00	11.00	13.50

在以上各管中加入 6.0g/L 氨基磺酸铵溶液 0.5mL，摇匀。再加 2.0g/L 甲醛溶液 0.50mL 及 0.016% 盐酸副玫瑰苯胺使用液 1.50mL，摇匀。当室温 15～20℃ 时，显色 20min；室温 25～30℃ 时，显色 15min。用 1cm 比色管，于波长 575nm 处，以水为参比，测定吸光度。以吸光度对二氧化硫含量，用最小二乘法计算回归方程或绘制标准曲线。

2. 样品测定

样品中若有浑浊物，应离心分离除去。样品放置 20min，以使臭氧分解。

短时间采样样品：将吸收管中的吸收液全部移入 10mL 具塞比色管，用少量水洗涤吸收管并移入具塞比色管中，定容为 5.00mL，加 6.0g/L 氨基磺酸铵溶液 0.5mL，摇匀。放置 10min 以除氮氧化物的干扰，再加 2.0g/L 甲醛溶液 0.50mL 及 0.016％对品红使用液 1.50mL，摇匀。以下步骤同标准曲线的绘制。

【数据记录及处理】

1. 数据记录

将各体积记录于下表。

V_t（样品总体积）/mL	V_a（测定时取样品溶液体积）/mL	V_n（标准状态下采样体积）/mL

将测定的吸光度记录于下表。

管号	0	1	2	3	4	5	6	7	水样
吸光度									

2. 数据处理

$$二氧化硫含量（mg/m^3）=\frac{W}{V_t}\times\frac{V_n}{V_a}$$

式中：W 为测定时取样品溶液中二氧化硫含量，μg；

　　　V_t 为样品溶液总体积，mL；

　　　V_a 为测定时取样品溶液体积，mL；

　　　V_n 为标准状态下的采样体积，L。

【注意事项】

1. 温度对显色有影响，温度越高，空白值越大。温度高时发色快，褪色也快，最好使用恒温水浴控制显色温度。

2. 因六价铬能使紫红色络合物褪色，产生负干扰，故应避免用硫酸-铬酸洗涤液洗涤玻璃器皿。若已用硫酸-铬酸洗涤液洗涤过，则需用（1＋1）盐酸溶液浸洗，在用水充分洗涤以将六价铬洗净。

3. 用过的具塞比色管及比色皿应及时用酸清洗，否则红色难以洗净。具塞比色管用（1＋4）盐酸溶液浸洗，比色皿用（1＋4）盐酸加 1/3 体积乙醇的混合液洗涤。

4. 0.2％盐酸副玫瑰苯胺溶液可直接购买。

5. 四氯汞钾溶液为剧毒试剂，使用时应小心，如溅到皮肤上，立即用水冲洗。使用过的废液要集中回收处理，以免污染环境。

【思考题】

1. 实验过程中存在哪些干扰？应该如何消除？

2. 多孔玻板吸收管的作用是什么?

3. 为什么要标定配制的二氧化硫溶液?

4. 大气各污染物的排放标准是多少?

5. 简要叙述国内外去除大气二氧化硫的主要工艺以及方法。

实验十三　大气中二氧化氮的测定

【实验目的】

1. 掌握大气采样器及吸收液采集大气样品的操作技术。

2. 学会用盐酸萘乙二胺分光光度计测定大气中氮氧化物的方法。

【实验原理】

大气中的氮氧化物主要是一氧化氮和二氧化氮。在测定氮氧化物浓度时,应先用三氧化铬将一氧化氮氧化成二氧化氮。

二氧化氮被吸收液吸收后,生成亚硝酸和硝酸,其中,亚硝酸与对氨基苯磺酸发生重氮化反应,再与盐酸萘乙二胺偶合,生成玫瑰红色偶氮染料,据其颜色深浅,用分光光度法定量。因为 NO_2(气)转化为 NO_2^-(液)的转化系数为 0.76,故在计算结果时因除以 0.76。

$$二氧化氮含量(mg/m^3) = \frac{M}{0.76V_n}$$

式中:M 为样品溶液扣除试剂空白后的吸光度在表上查得的 NO_2^- 含量,μg;

V_n 为标准状态下的采样体积,L;

0.76 为 NO_2(气)转化为 NO_2^-(液)的系数。

【实验仪器及试剂】

1. 仪器

(1) 多孔玻板吸收管。

(2) 空气采样器。

(3) 分光光度计。

2. 试剂

所有试剂均用不含亚硝酸根的重蒸馏水配制。其检验方法是:所配制的吸收液对 540nm 光的吸光度不超过 0.005(10mm 比色皿)。

(1) 吸收液:称取 5.0g 对氨基苯磺酸,置于 1000mL 容量瓶中,加入 50mL 冰乙酸和 900mL 水的混合物,盖塞振摇使其完全溶解,继之加入 0.050g 盐酸萘乙二胺,溶解后,用水稀释至标线,此为吸收原液,贮于棕色瓶中,在冰箱中可保存两个月。保存时应密封瓶口,防止空气与吸收液接触。

采样时,按 4 份吸收原液与 1 份水的比例混合配成采样用吸收液。

（2）亚硝酸钠标准贮备液：称取 0.1500g 粒状亚硝酸钠（$NaNO_2$，预先在干燥器内放置 24h），溶解于水，移入 1000mL 容量瓶中，用水稀释至标线。此溶液 1mL 含 100.0μg NO_2^-，贮于棕色瓶中，在冰箱中保存，可稳定三个月。

（3）亚硝酸标准溶液：吸取贮备液 5.00mL 于 100mL 容量瓶中，用水稀释至标线。此溶液 1mL 含 5.0μg NO_2^-。

【实验步骤】

1. 标准曲线的绘制

取 7 支 10mL 干燥的具塞比色管，按下表所列举数据配制标准系列：

表 3-4　亚硝酸钠标准系列

管号	0	1	2	3	4	5	6
亚硝酸盐标准溶液/mL	0	0.10	0.20	0.30	0.40	0.50	0.60
吸收原液/mL	4.00	4.00	4.00	4.00	4.00	4.00	4.00
水/mL	1.00	0.90	0.80	0.70	0.60	0.50	0.40
NO_2^- 含量/μg	0	0.5	1.0	1.5	2.0	2.5	3.0

以上溶液摇匀，避开阳光直射放置 15min，在 540nm 波长处，用 1cm 的比色皿，以水为参比，测定吸光度。以吸光度为纵坐标，相应的标准溶液中 NO_2^- 含量（μg）为横坐标，绘制标准曲线。

2. 采样

将一支内装 5.00mL 吸收液的多孔玻板吸收管，以 0.2～0.3L/min 的流量避光采样，至吸收液呈微红色为止，记下采样时间，密封好采样管，带回实验室，当日测定。若吸收液不变色，应延长采样时间，采样量应不少于 6L。在采样的同时，应测定采样现场的温度和大气压，并做好记录。

3. 样品的测定

采样后，放置 15min，将样品溶液移入 1cm 比色皿中，按绘制标准曲线的方法和条件测定试剂空白溶液和样品溶液的吸光度。若样品溶液的吸光度超过标准溶液的测定上限，可用吸收液稀释后再测定吸光度。计算结果适应乘以稀释倍数。

【数据记录及处理】

1. 数据记录

将实验点各气象参数记录于下表。

测量位置	采样时间/min	采样体积/L	气温/℃	风速/(m/s)	气压/hPa

第三章　实验项目的测定

将实验测得的吸光度记录于下表。

管号	0	1	2	3	4	5	6	样品	空白
吸光度									

2. 数据处理

$$二氧化氮含量(mg/m^3) = \frac{(A - A_0) - a}{b \times V_n \times 0.76}$$

式中：A 为样品溶液吸光度；

A_0 为试剂空白液吸光度；

a 为标准曲线回归方程的截距；

b 为标准曲线回归方程的斜率；

V_n 为标准状况下的采样体积，L；

0.76 为 NO_2（气）转换为 NO_2^-（液）的系数。

【注意事项】

1. 吸收液应避光，且不能长时间暴露在空气中，以防止光照使吸收液显色或吸收空气中的氮氧化物而使试剂空白值增高。

2. 亚硝酸钠（固体）应密封保存，防止空气及湿气侵入。部分氧化成硝酸钠或呈现粉末状的试剂都不能用直接法配制标准溶液。若无颗粒状亚硝酸钠试剂，可用高锰酸钾容量法标定出亚硝酸钠贮备液的标准浓度后，再稀释为 $5.0\mu g/mL$ 亚硝酸根的标准溶液。

3. 绘制标准曲线，向各管中加亚硝酸钠标准使用液时，都应以均匀、缓慢的速度加入。

【思考题】

1. 盐酸萘乙二胺分光光度法测定大气中氮氧化物的原理是什么？

2. 如何进行大气中氮氧化物的采样？

3. 测得的大气中的二氧化氮与实际存在偏差的原因有哪些？

4. 若想采用盐酸萘乙二胺分光光度计测定大气中的一氧化氮，应怎样操作？

5. 大气中臭氧超过一定浓度也会使吸收液呈红色，应采取怎样的措施消除其干扰？

实验十四　环境噪声的监测

【实验目的】

1. 掌握环境噪声的监测和采样布局方法。

2. 学会 HS6288 型多功能噪声分析仪的正确使用方法。

【实验原理】

环境噪声的大小,不仅与噪声的物理量有关,还与人对声音的主观感觉有关。声压级相同而频率不同的声音,听起来不一样响,高频的声音比低频的声音响,这是人耳听觉特性决定的。

噪声测量仪一般分为接收部分、分析部分和显示部分。接收部分包括传声器和前置放大器。传声器是将接收到的声音信号转化成电信号,是噪声分析仪器的关键部分。前置放大器起的是阻抗变换的作用。分析部分除了输入放大器、计权声级和输出放大器外,还包括内置微机,进行数学运算。其中,计权声级主要是模拟人耳对声音的听觉响应。显示部分主要是输出信号的作用。近期的仪器多采用液晶数字显示,或直接接打印机,或连接在计算机上输出。

【实验仪器】

HS6288型多功能噪声分析仪。

【实验步骤】

1. 使用方法

(1)面板按键:"RUN/PAUSE"(运行/暂停)、"MOOD"(模式)、"OUTPUT"(输出)、"TIME"(时间)、"RESET"(复位)、"NO./HOLD"(序号/保持)。结合具体操作讲解,了解各按键的使用。

(2)输出接口:可与HS4784打印机或计算机连接,作为输出信号用。

(3)侧面部分:"CAL"校准电位器,做声校准灵敏度调节。"F/S"时间计权开关,F(快)、S(慢)。一般噪声测量时处于"F",声级随时间变化小时,也可用"S"测量。"NO/OFF"电源开关。

2. 具体操作

(1)打开电源,置于"F"(快)处。清除上次记录:同时按下"RESET"和"RUN/PAUSE",先松开"RESET",再松开"RUN/PAUSE"。

(2)测量方式选择:每按一下"MOOD/↓",可依次设置L_{eq}、L_{AE}、SD、L_{90}、L_{50}、L_{10}、L_{min}、L_{max},选择一种测量方式。但无论选择哪种方式,在测量结束时,都可读取L_{eq}、L_{AE}、SD、L_{90}、L_{50}、L_{10}、L_{min}、L_{max}的值。

(3)测量时间选择:按下"TIME/↑",依次设置"TIME"(设置现在时间),包括"MAN"(手动任意时间测定)、"10s"、"1min"、"5min"、"10min"、"15min"、"20min"、"1h"、"8h"、"24h"的自动测量和24h整时测量。选择需要时间。

每次开机,都要对仪器进行时间设定(24h测量时必须设定,以保证白天和晚上的时间计权)。设时间时,先按"TIME/↑",等出现"TIME"后,按"RUN/PAUSE"确定,液晶显示三位数。其中第一位数字(1、2、3、4、5、6)分别表示年、月、日、时、分、秒,后两位数字表示具体时间,可由"↑"或"↓"使时间增加或减少。设定后按"RUN/PAUSE"确定。

（4）按下"RUN/PAUSE"时，"RUN"和"PAUSE"交替设置。"RUN"为测量开始，"PAUSE"为测量暂停，再次按下"RUN"结束暂停继续开始测量。自动测量方式时，测量一结束就自动设置成"PAUSE"。"RUN/PAUSE"的其他用途，在设定时间、设定网格点时作认可键，数据输出时作执行键。

（5）自动测量结束时，成"PAUSE"方式。显示值为设定的测量方式的值，按"MOOD/↓"可依次查看 L_{eq}、L_{AE}、SD、L_{90}、L_{50}、L_{10}、L_{min}、L_{max} 的值。此时如再按下"RUN/PAUSE"，则又开始新的一次设置，刚才的值也被自动存入机内。

【数据记录】

将实验数据记录于下表。

地点：_____　　大气压：_____

时间/min	L_{eq}	L_{AE}	SD	L_{90}	L_{50}	L_{10}	L_{min}	L_{max}
1								
5								
10								
30								
60								

【注意事项】

1. 室外测量时，应注意以下两点：（1）气象条件：选择无雨、无雪天气，风速小于5.5m/s。有风时，加风罩减少风的影响。（2）测点位置：离建筑物墙面不小于1m，距地面垂直距离不小于1.2m。

2. 室内测量时，测点离墙面不小于1m，距地面1.2～1.5m，离窗户1.5m，开窗下测定。

【思考题】

1. 何谓等效连续声级 L_{eq}？其意义是什么？

2. 影响噪声测定的因素有哪些？如何注意？

3. 在户外进行噪声测量时，传声器至少要离开人体多少米？应离开地面多少米？

4. 测量校园范围内的环境噪声怎样布点？

5. 交通噪声测量点一般应离马路边缘多远？

实验十五　土壤中铜、锌的测定——原子吸收法

【实验目的】

1. 了解原子吸收分光光度法的原理。
2. 掌握土壤样品的消化方法。
3. 掌握原子吸收分光光度计的使用方法。

【实验原理】

　　火焰原子吸收分光光度法是根据某元素的基态原子对该元素的特征谱线产生选择性吸收来进行测定的分析方法。将试样喷入火焰,被测元素的化合物在火焰中离解形成原子蒸气,由锐线光源(空心阴极灯)发射的某元素的特征谱线光辐射通过原子蒸气层时,该元素的基态原子对特征谱线产生选择性吸收。在一定条件下测得的特征谱线光强的变化与试样中被测元素的浓度成比例。通过对自由基态原子对选用吸收线吸光度测量,确定试样中该元素的浓度。

　　本实验采用湿法消化法。湿法消化是使用具有强氧化性酸,如 HNO_3、H_2SO_4、$HClO_4$ 等与有机化合物溶液共沸,使有机化合物分解除去的方法。

【实验仪器及试剂】

1. 原子吸收分光光度计。
2. 铜和锌空心阴极灯。
3. 锌标准液(100mg/L):准确称取 0.1000g 金属锌(99.9%),用 20mL (1+1)盐酸溶解,移入 1000mL 容量瓶中,用去离子水稀释至刻度。
4. 铜标准液(100mg/L):准确称取 0.1000g 金属铜(99.9%),溶于 15mL (1+1)硝酸中,移入 1000mL 容量瓶中,用去离子水稀释至刻度。

【实验步骤】

　　1. 标准曲线的绘制

　　取 6 支 25mL 具塞比色管,分别加入 5 滴(1+1)盐酸,依次加入 0.0、1.00、2.00、3.00、4.00、5.00mL 的浓度为 100mg/L 的铜标准溶液和 0.00、0.10、0.20、0.40、0.60、0.80mL 的浓度为 100mg/L 的锌标准溶液,用去离子水稀释至刻度,摇匀,配成含 0.00、0.40、0.80、1.20、1.60、2.00mg/L 铜标准系列和 0.00、0.40、0.80、1.20、1.60、2.40、3.20mg/L 的锌标准系列,然后分别在 324.7nm 和 213.9nm 处测定吸光度,绘制标准曲线。

2. 样品的测定

(1) 样品的消化

准确称取 1.000g 土样于 100mL 烧杯中(2 份),用少量去离子水润湿,缓慢加入 5mL 王水(硝酸：盐酸＝1：3),盖上表面皿。同时做 1 份试剂空白,把烧杯放在通风橱内的电炉上加热,开始低温,慢慢提高温度,并保持微沸状态,使其充分分解,注意消化温度不易过高,防止样品外溅。当激烈反应完毕,使有机物分解后,取下烧杯冷却,沿烧杯壁加入 2～4mL 高氯酸,继续加热分解直至冒白烟,样品变为灰白色时,揭去表面皿,赶出过量的高氯酸,把样品蒸至近干,取下冷却,加入 5mL 1％ 的稀硝酸溶液后再加热,冷却后用中速定量滤纸过滤到 25mL 容量瓶中,滤渣用 1％稀硝酸洗涤,最后定容,摇匀待测。

(2) 测定

将消化液在与标准系列相同的条件下,直接喷入空气-乙炔火焰中,测定吸光度。

【数据记录及处理】

1. 数据记录

将样品测定结果记录于下表。

V(定容体积)/mL	m(试样质量)/g	铜的吸光度	锌的吸光度

将铜、锌标液吸光度记录于下表。

铜标液体积/mL	0.00	1.00	2.00	3.00	4.00	5.00
吸光度						
锌标液体积/mL	0.00	0.10	0.20	0.40	0.60	0.80
吸光度						

2. 数据处理

所测得的吸光度(如试剂空白有吸收,则应扣除空白吸光度)在标准曲线上得到相应的浓度 M(mg/L),则试样中：

$$铜或锌的含量(mg/kg) = \frac{M \times V}{m} \times 1000$$

式中：M 为标准曲线上得到的相应浓度,mg/L;

V 为定容体积,mL;

m 为试样质量,g。

【注意事项】

1. 细心控制温度,升温过快,反应物易溢出或炭化。

2. 土壤消化若不足,呈灰白色,应补加少量高氯酸,继续消化。由于高氯酸对空白影响大,要控制用量。

3. 高氯酸具有氧化性,应待土壤里大部分有机质消化完反应物,冷却后再加入,或者在常温下,有大量硝酸存在下加入,否则会使杯中样品溅出或爆炸,使用时务必小心。

4. 若高氯酸氧化作用进行过快,有爆炸可能时,应迅速冷却或用冷水稀释,即可停止高氯酸氧化作用。

5. 原子吸收测量条件如下表所示:

表 3-5 原子吸收测量条件对照表

元素	Cu	Zn
λ/nm	324.8	213.9
I/mA	2	4
光谱通带(A)	2.5	2.1
增益	2	4
燃气	C_2H_2	C_2H_2
助气	空气	空气
火焰	氧化	氧化

【思考题】

1. 试分析原子吸收分光光度计测定土壤中金属元素的误差来源可能有哪些?
2. 土壤样品有哪几种预处理方法?简要比较说明。
3. 谈谈国内外处理土壤中重金属都有哪些方法?
4. 采集农田土壤混合样的布点方法有哪几种?

实验十六 土壤酶的测定

【实验目的】

通过本实验了解土壤酶的意义和测定方法。

【实验原理】

本法测定以对硝基苯磷酸二钠为基质,在磷酸酶的作用下,水解基质所生成苯酚的质量来表示酶的活性。这种方法适用丁测定各种酶的活性。

【实验仪器及试剂】

1. 仪器

（1）50mL 具塞锥形瓶。

（2）可见-紫外分光光度计。

（3）培养箱。

2. 试剂

（1）甲苯（分析纯）。

（2）改进的通用的 buffer 贮液：称取 12.1g Tris、11.6g 顺丁烯二酸、14g 柠檬酸、6.28g 硼酸，溶于 488mL 1mol/L NaOH，然后加水定容至 1000mL。

（3）改进的通用 buffer（pH＝6.5）：取 200mL 改进的通用的 buffer 贮液，用 0.1mol/L HCl（约需 400mL）调 pH 至 6.5，然后用水定容至 1000mL。

（4）对硝基磷酸二钠溶液：0.025g 溶于缓冲液，定容至 1000mL。

（5）0.5％ $CaCl_2$ 溶液：0.5g 溶于水中，定容至 1000mL。

（6）0.5mol/L NaOH 溶液：溶解 20g NaOH 于 700mL 水中，定容至 1000mL。

（7）对硝基苯酚标准液：溶解 1g 对硝基苯酚于 700mL 水中，定容至 1000mL。

【实验步骤】

1. 标线绘制：取 1mL 对硝基苯酚标准液，用缓冲液稀释至 100mL，分别取 0、1、2、3、4、5mL 稀释液置于 50mL 锥形瓶中，加缓冲液至 50mL，然后加入 1mL 0.5％ $CaCl_2$ 溶液和 4mL 0.5mol/L NaOH，混匀。然后在中速定性滤纸上过滤取滤液于 402nm 处测滤液的吸光度，绘制标准标线。

2. 称取 0.8g 土壤于 50mL 锥形瓶中，加入 0.2mL 甲苯溶液、4mL 缓冲液、1mL 对硝基磷酸二钠溶液，混匀，盖上塞子，于 37℃ 温育 1h，

3. 向瓶中加入 1mL 0.5％ $CaCl_2$ 溶液和 4mL 0.5mol/L NaOH，混匀。然后在中速定性滤纸上过滤取滤液于 402nm 处测滤液的吸光度，并根据标准曲线计算对硝基苯酚的含量。

4. 每个土样做有无基质对照，对照样品温育前不加入基质，待温育结束，加入 1mL 0.5％ $CaCl_2$ 溶液和 4mL 0.5mol/L NaOH 后再加入基质，以此计算土壤里对硝基苯酚本底值。

【数据记录及处理】

1. 数据记录

将实验数据记录于下表。

管号	1	2	3	4	5	6	土样
吸光度							

2. 数据处理

以单位时间内单位土样所产生的对硝基苯酚质量（mg）表示土壤磷酸酶活性[mg/(kg·h)]。

【思考题】

1. 分光光度法测定蛋白酶活性的原理是什么？
2. 测定土壤中蛋白酶的活性有何意义？
3. 简要叙述土壤中主要酶的提取方法。
4. 实验中的干扰因子有哪些？怎样才能减小误差？

实验十七　土壤中有机质的测定

【实验原理】

有机质含量通常被作为评价土壤肥力水平高低的重要指标之一。土壤有机质是土壤各种形态有机化合物的总称，它包括土壤中未分解和半分解的各种动植物残体、微生物代谢产物及其分解与合成的各种有机形态等三类物质。

在加热的条件下，用一定浓度的重铬酸钾-硫酸溶液氧化土壤有机质（碳），剩余的重铬酸钾用硫酸亚铁来滴定，从所消耗的重铬酸钾量，计算有机碳的含量。本方法测得的结果，与干烧法相比，只能氧化90%的有机碳，因此将得的有机碳乘以校正系数，以计算有机碳量。在氧化滴定过程中化学反应如下：

$$2K_2Cr_2O_7 + 8H_2SO_4 + 3C \longrightarrow 2Cr_2(SO_4)_3 + 2K_2SO_4 + 3CO_2 + 8H_2O$$

$$K_2Cr_2O_7 + 6FeSO_4 + 7H_2SO_4 \longrightarrow Cr_2(SO_4)_3 + 3Fe_2(SO_4)_3 + K_2SO_4 + 7H_2O$$

【实验仪器及试剂】

1. 仪器

RC-6远红外COD定时消煮炉，25mL滴定管，烧杯，磨口锥形瓶，150mL、250mL锥形瓶等。

磨口简易空气冷凝管（与磨口锥形瓶配套）：直径0.9cm，长19cm；温度计：200～300℃；铜丝筛：孔径0.25mm(100目)；瓷研钵。

2. 试剂

(1) 粉末状硝酸银(0.4mol/L 重铬酸钾-硫酸溶液)：称取重铬酸钾39.23g，溶于600～800mL蒸馏水中，待完全溶解后加水稀释至1L，将溶液移入3L大烧杯中，另取1L浓硫酸，慢慢地倒入重铬酸钾水溶液内，不断搅动，为避免溶液急剧升温，每加约100mL硫酸后稍停片刻，并把大烧杯放在盛有冷水的盆内冷却，待溶液的温度降到不烫手时再加一份硫酸，直到全部加完为止。

（2）重铬酸钾标准溶液 $[c(\frac{1}{6}K_2Cr_2O_7)=0.2000\text{mol/L}]$：称取经 130℃ 烘 1.5h 的优级纯重铬酸钾 9.807g，溶于水中，然后移入 1L 容量瓶内，加水定容至刻度线。

（3）硫酸亚铁标准溶液：称取硫酸亚铁 56g，溶于 600～800mL 水中，加浓硫酸 20mL，搅拌均匀，加水定容至 1L（必要时过滤），贮于棕色瓶中保存。此溶液易受空气氧化，使用时必须每天标定一次标准浓度。

（4）试亚铁灵指示液：称取 1.485g 邻菲啰啉（$C_{12}H_8N_2 \cdot H_2O$）、0.695g 硫酸亚铁（$FeSO_4 \cdot 7H_2O$），溶于水中，稀释至 100mL，贮于棕色瓶内。

硫酸亚铁标准溶液的标定方法如下：

吸取重铬酸钾标准溶液 20mL，放入 150mL 锥形瓶中，加浓硫酸 3mL 和试亚铁灵指示液 3～5 滴，用硫酸亚铁溶液滴定，根据硫酸亚铁溶液的消耗量，计算硫酸亚铁标准溶液的浓度 C_2。

$$C_2 = \frac{C_1 \times V_1}{V_2}$$

式中：C_2 为硫酸亚铁标准溶液的浓度，mol/L；

C_1 为重铬酸钾标准溶液的浓度，mol/L；

V_1 为吸取的重铬酸钾标准溶液的体积，mL；

V_2 为滴定时消耗硫酸亚铁溶液的体积，mL。

【实验步骤】

选取风干土壤样品，用镊子挑除植物根叶等有机残体，然后用木棍把土块压细，使之通过 1mm 筛。充分混匀后，从中取出 10～20g 土样磨细，并全部通过 0.25mm 筛后装入磨口瓶中备用。

称取制备好的风干试样 0.05～0.5g，精确到 0.001g。置入 150mL 锥形瓶中，加粉末状硫酸银 0.1g，用移液管准确加入 0.4mol/L 的重铬酸钾-硫酸溶液 10mL（先加入 3mL，摇动试管使溶液与土混匀，然后再加其余的 7mL），摇匀。在锥形瓶接上简易空气冷凝管，把锥形瓶放入 200～230℃ 远红外消煮装置中（要有空白试验，即 0.5g SiO_2 代替土壤），当简易空气冷凝管下端落下第一滴冷凝液，开始计时，消煮（5±0.5）min 后取出。等试管冷却后，将试管内溶液倒入 250mL 锥形瓶中，用蒸馏水洗净试管内部及空气冷凝管内部，洗涤液均冲洗至锥形瓶中，使最后总的体积约 60～70mL。滴 3～4 滴试亚铁灵指示液，此时溶液为橙黄色，用已标定过的硫酸亚铁溶液滴定，溶液由橙黄色经过绿色突变到砖红色即为终点。

【数据记录及处理】

1. 数据记录

将实验数据记录于下表。

V_0（空白消耗硫酸亚铁标液的体积）/mL	V（样品消耗硫酸亚铁标液的体积）/mL	C_2（硫酸亚铁标准溶液的浓度）/(mol/L)	m（烘干试样的质量）/g

2. 数据处理

土壤有机质含量 X（按烘干土计算）由下式计算：

$$X = \frac{(V_0 - V) \times C_2 \times 0.003 \times 1.724 \times 100}{m}$$

式中：X 为土壤有机质含量，%；

V_0 为空白滴定时消耗硫酸亚铁标准溶液的体积，mL；

V 为测定试样时消耗硫酸亚铁标准溶液的体积，mL；

C_2 为硫酸亚铁标准溶液的浓度，mol/L；

m 为烘干试样质量，g；

0.003 为 $\frac{1}{4}$ 碳原子的摩尔质量，g/mol；

1.724 为由有机碳换算成有机质的系数。

平行测定的结果用算术平均值表示，保留三位有效数字。

【注意事项】

1. 称样量多少取决于土壤有机质的含量。每份分析样品中的有机碳含量应控制在 8mg 以内，有机质含量小于 2%，称样量为 $0.4 \sim 0.5g$；有机质含量达 8% 时，称样量不应超过 0.1g。

2. 消煮温度必须严格控制，沸腾时间力求准确计算。

3. 消煮好的样品试液应为黄色或黄绿色。若以绿色为主，说明 $K_2Cr_2O_7$ 用量不足；如果试液呈黄绿色但滴定时消耗的 $FeSO_4$ 量小于空白试验用量的 1/3 时，有氧化不完全的危险。如有上述情况发生，应弃去重做，重做时应适当减少称样量。

【思考题】

1. 对比测定土壤有机质与测水中 COD 有何异同。

2. 当所测土壤的有机质含量过高时，应采取怎样的措施使得采用这种方法不能超过其测定的上限。

3. 测定土壤有机质含量有哪些干扰因素？该如何避免这些干扰源？

4. 土壤有机质含量越高越好吗？

实验十八　土壤中的 PCBs 的测定（设计性）

【实验目的】

1. 了解和熟悉气相色谱仪的工作原理以及基本操作方法。

2. 掌握色谱法的分析原理测定方法。

【实验原理】

多氯联苯(PCBs)是联苯的氯取代物,由 209 种单体同系物组成。其化学性质稳定,在环境中降解缓慢。虽然从 1972 年开始在全球范围内停止 PCBs 的生产和使用,但它们通过各种途径残留在环境中,是全球主要的有机污染物,也是持久性有机污染物中的一种。PCBs 是一类具有"三致"效应的典型持久性有机污染物,也是一类环境内分泌干扰素,可通过空气或水进行长、短距离输送,参与全球和各圈层的循环,并通过地表径流、大气沉降和含固体废弃物的弃置进入土壤环境,土壤中的 PCBs 可以通过土-气、土-水交换以及人为扰动,重新在环境各相间进行平衡分配,进而通过生物放大作用进入食物链,更大程度地影响人类的健康。

采用碱破坏有机氯农药,水蒸气蒸馏-液液萃取(必要时硫酸净化),再用电子捕获检测器气相色谱法测定。

$$多氯联苯含量(\mu g/g) = \frac{N_标 \ V_标 \ h_样 \ V}{h_标 \ V_样 \ W}$$

式中:$N_标$ 为标准溶液浓度,$\mu g/mL$;

$\quad V_标$ 为标准溶液色谱进样体积,μL;

$\quad h_样$ 为试样萃取液峰高,mm;

$\quad V$ 为萃取液浓缩后的体积,mL;

$\quad h_标$ 为标准溶液峰高,mm;

$\quad V_样$ 为试样萃取液色谱进样体积,μL;

$\quad W$ 为样品质量(以换算成 60℃烘干质量计算),g。

【实验仪器及试剂】

1. 仪器

水蒸气蒸馏-液液萃取装置、带电子捕获检测器的气相色谱仪、电加热套、调压器。

2. 试剂

正己烷(或石油醚)、硫酸(优级纯)、氢氧化钠(优级纯)、无水硫酸钠、脱脂棉(用丙酮处理后备用)、多氯联苯(PCBs)标准溶液。

【实验步骤】

1. 碱解与蒸馏

水蒸气蒸馏-液液萃取装置如图 3-2 所示。准确称取 10g 风干土样(同时另称取一份 20g 左右于 60℃烘干 24h,测其水分含量),放入 10mL 圆底烧瓶中,加入 250mL 浓度为 1mol/L 的氢氧化钠溶液,加入少量沸石,如图所示接好 A 与 B,用加热套加热,用调压变压器控制温度,加热回流 1h。冷却至室温,取下 B,在 C 中

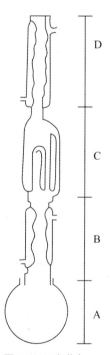

图 3-2 水蒸气
蒸馏-液液萃取装置

加入 5mL 正己烷,将 A、C、D 连接,加热蒸馏 90min,控制流速 80～100 滴/min(加热和控温方法同上)。蒸馏完毕后冷却至室温,将 C 中液体移入分液漏斗中,再将 A、C、D 连接,在冷凝管上部加入 10mL 蒸馏水冲洗,再将 C 中的冲洗液并入分液漏斗中,充分振摇,弃去水层,加入少量正己烷洗涤 C 两次,合并正己烷层,将分液漏斗中的正己烷提取液经过底部塞有脱脂棉的 5cm 高的无水硫酸钠水柱,分液漏斗用少量的正己烷洗涤三次,每次均透过脱水柱,收集于 10mL 容量瓶中定容,供色谱分析。

杂质较多时需要用硫酸净化,即加入与正己烷等体积的硫酸,振摇 1min,静置分层后,弃去硫酸层,净化次数视提取液中杂质多少而定,一般 1～3 次,然后加入与正己烷等体积的 0.1mol/L 的氢氧化钠溶液,振摇 1min,静置分层后弃去下部水层。

2. 定量测定

将 PCBs 标准溶液稀释到不同浓度,定量进样以确定电子捕获检测器的线性范围。试样进样时,定量进样所得峰高(应在线性范围内)与相近浓度标准溶液的峰高比较,求出 PCBs 的含量。

【注意事项】

1. 正己烷用全玻璃蒸馏器蒸馏,收集 68～70℃ 馏分,色谱进样应无干扰峰。如不纯,再次重蒸馏或用中性三氧化二铝纯化。

2. 无水硫酸钠:取 100g 无水硫酸钠加入 50mL 正己烷,振摇过滤,风干,置 150℃ 恒温箱中烘 15h。

3. 多氯联苯标准液的配制:三氯联苯(PCB_3)配成 5mg/mL 贮备液,或用 PCB_3 正己烷标准溶液(200×10^{-6})稀释成不同浓度的标准溶液。

4. 色谱条件:固定相为 5% SE-30/Chromosorb W(AWD MCS),80～100 目;色谱柱为长 2m、内径 3mm 的玻璃柱;柱温 195℃;气化温度 250℃;监测温度 240℃;载气是高纯氧,流速 70mL/min。

【思考题】

1. 影响农药在土壤中残留性的主要因素有哪些?

2. 影响农药在土壤中被吸附的主要因素有哪些?

3. 国内外对于预防与处理土壤中多氯联苯的方法与措施有哪些?

第四章　校园环境综合监测及评价

【实验目的】

1. 使学生学会设计水质监测路线,确定水质监测项目,并对水质进行监测与评价。

2. 使学生学会设计空气污染监测路线,确定空气监测项目,并对空气质量进行监测与评价。

3. 使学生学会设计环境噪声监测路线,并对噪声进行监测与评价,绘制噪声污染图。

4. 训练学生独立完成一项模拟或实际监测任务的能力、处理监测数据的能力以及综合分析和评价能力。

【实验要求】

1. 要求学生理论联系实际,实地调查,每个学生都亲自制订大气、水及噪声监测方案,采集环境样品,对各个环境样品进行测试分析,处理实验数据,写出环境监测报告。

2. 实事求是地报出监测数据,实验结果准确可靠,并用标准指数法等方法评价各个环境质量要素是否符合国家相关环境标准。

3. 选择的项目要能够反映监测区水环境质量以及空气环境质量,选择的采样、分析监测方式要科学合理。

【监测内容】

(一)校园环境空气监测

1. 空气中 SO_2 的测定

(1)原理

空气中的二氧化硫被四氯汞钾溶液吸收后,生成稳定的二氯亚硫酸盐络合物,此络合物再与甲醛及盐酸副玫瑰苯胺发生反应,生成紫红色的络合物,其最大吸收波长为577nm,据其颜色深浅,用分光光度法测定其吸光度,与标准曲线对比,对 SO_2 进行含量回归,从而测得空气中 SO_2 的浓度。

(2)干扰与消除

空气中氮氧化物的存在对测定有影响,可加入适量的氨基磺酸钠放置 10min 来消除;空气中的臭氧也会影响测定,取样后将样品放置 20min,臭氧可自行消除;某些金属离子(如 Fe^{2+}、Na^+、Mg^{2+})对测定有干扰,可利用磷酸及环己二胺四乙酸二钠盐(EDTA)来消除或减少这些离子的干扰。

（3）实验仪器与试剂

参照本教材实验十二。

（4）采样

① 吸取 10mL 吸收液于多孔玻板吸收管中，用硅橡胶管将其串联在空气采样器上，调节采样器流量为 0.4L/min。

② 设置采样时间为 60min。如需算日均浓度，每日至少有 20 个小时平均浓度值或采样时间。

③ 在采样同时，记录现场的温度和大气压力，并设置空白对照组。对照组的吸收管中加入 10mL 吸收液，将吸收管的进出口用同一根橡胶管连接。

④ 记录采样时间，以及其他与采样有关的因素。

⑤ 采样结束后，关闭仪器，将吸收管密封好带回实验室待测。

⑥ 标准曲线的绘制

SO_2 标准使用液浓度：参照本教材实验十二。

取 8 支 25mL 具塞比色管，按表 3-3 所示配制标准色度。

在以上各管中加入 6.0g/L 氨基磺酸铵溶液 0.5mL，摇匀。再加 2.0g/L 甲醛溶液 0.50mL 及 0.016% 对品红使用液 1.50mL，摇匀。当室温 15～20℃时，显色 20min；室温 25～30℃时，显色 15min。用 1cm 比色管，于波长 575nm 处，以水为参比，测定吸光度。以吸光度对二氧化硫含量，用最小二乘法计算回归方程或绘制标准曲线。

（5）样品测定

将采样后的吸收液放置 20min 后，用少量水洗涤吸收管并移入 20mL 比色管中，，定容为 5.00mL，加 6.0g/L 氨基磺酸铵溶液 0.5mL，摇匀。放置 10min 以消除氮氧化物的干扰，再加入 0.5mL 氨磺酸钠，摇匀，放置 10min 以消除氮氧化物的干扰，以下步骤同标准曲线的绘制。

按下式计算空气中的 SO_2 的浓度：

$$C = \frac{A - A_0 - a}{bV_0} \times \frac{V_t}{V_a}$$

式中：C 为空气中的 SO_2 的质量浓度，mg/m³；

A 为样品溶液的吸光度；

A_0 为试剂空白溶液的吸光度；

a 为所绘制标准曲线的截距；

b 为所绘制标准曲线的斜率，μg；

V_0 为换算成标准状况下的采样体积，L；

V_t 为样品溶液的总体积，mL；

V_a 为测定时所取样品溶液的体积，mL。

（6）数据记录

监测结果记录在下表：

95

监测时间	气温/℃	样品吸光度	空白试验吸光度	SO₂ 质量浓度/(mg/m³)

2. 空气中 NO₂ 的测定

（1）原理

空气中的氮氧化物主要以 NO 和 NO₂ 形态存在。用无水乙酸、对氨基苯磺酸和盐酸萘乙二胺配成吸收液。测定时将 NO 氧化成 NO₂，用吸收液吸收后，首先生成亚硝酸和硝酸。其中，亚硝酸与对氨基苯磺酸发生重氮化反应，再与盐酸萘乙二胺偶合，生成玫瑰红色的偶氮染料，其颜色深浅与气样中 NO₂ 浓度成正比，可用分光光度法定量。因为 NO₂（气）不是全部转化为 NO_2^-（液），故在计算结果时应除以转换系数（称为 Saltzman 实验系数，用标准气体通过实验测定）。

（2）干扰与消除

① 当空气中二氧化硫质量浓度为氮氧化物质量浓度的 10 倍时，对测定的干扰不大；当空气中二氧化硫质量浓度为氮氧化物质量浓度的 30 倍时，会使氮氧化物的测定结果偏低。

② 当空气中臭氧质量浓度超过 0.250mg/m³ 时，使二氧化氮的测定结果偏低。采样时在入口端串联长 15～20cm 的硅胶管，可以消除干扰。

③ 当空气中含有过氧乙酰硝酸酯时，使二氧化氮的测定结果偏高。

（3）标准曲线的绘制

取七支 10mL 干燥的具塞比色管，按表 3-4 所列举数据配制标准系列。

将所配溶液摇匀，避开阳光直射放置 15min，在 540nm 波长处，用 1cm 的比色皿，以水为参比，测定吸光度。以吸光度为纵坐标，相应的标准溶液中 NO_2^- 含量（μg）为横坐标，绘制标准曲线。

（4）采样

吸取 5.00mL 显色液于多孔玻板吸收管中，用硅橡胶管将其串联在采样器上，以 0.4L/min 流量采气 1h。在采样的同时，应记录现场温度和大气压，并设置空白对照组。对照组的吸收管中加入 5.00mL 显色液，将吸收管的进、出口用同一根橡胶管连接。如需算日均浓度，每日至少有 20 个小时平均浓度值或采样时间。

（5）样品测定

采样后于暗处放置 20min（室温 20℃ 以下放置 40min 以上）后，混匀，按照绘制标准曲线的方法和条件测量试剂空白溶液和样品溶液的吸光度，按下式计算空气中 NOₓ 的浓度。

$$C_{NO_x} = \frac{(A - A_0 - a)V}{bfV_0}$$

式中：C_{NO_x} 为空气中 NOₓ 的浓度（以 NO₂ 计，mg/m³）；

A、A_0 分别为样品溶液和试剂空白溶液的吸光度；

b、a 分别为标准曲线的斜率和截距；

V 为采样用吸收液体积,mL;

V_0 为换算为标准状况下的采样体积,L;

f 为 Saltzman 实验系数,0.88(空气中 NO_x 浓度超过 0.720mg/m³ 时取 0.77)。

(6)数据记录

将实验点各气象参数记录于下表。

测量位置	采样时间/min	采样体积/L	气温/℃	风速/(m/s)	气压/hPa

将实验测得的吸光度记录于下表。

监测时间	样品吸光度	空白试验吸光度	NO_2 质量浓度/(mg/m³)

3. 空气中总悬浮颗粒物(TSP)的测定

(1)目的

掌握重量法测定空气中 TSP 的方法和原理。

(2)原理

滤膜捕集——重量法:用抽气动力抽取一定体积的空气通过已恒重的滤膜,则空气中的悬浮颗粒物被阻留在滤膜上,根据采样前后滤膜质量之差及采样体积,即可计算 TSP 的浓度。根据采样流量不同,分为大流量、中流量和小流量采样法。本实验采用中流量采样器法。

(3)干扰与消除

① 风力和其他气象条件会干扰测定,应控制以一定的流量采一定时间的样。

② 空气中水分会对滤膜称重造成干扰,故称重前先将滤膜干燥易消除干扰。

③ 滤膜不能有物理损伤,否则会影响称量。

④ 聚氯乙烯带电,称量时应先用镊子碰一下天平以放电。

⑤ 滤膜流量过大也会采样。

(4)实验步骤

① 用孔口流量计校正采样器的流量。

② 滤膜准备:首先用 X 光看片机检查滤膜是否有针孔或其他缺陷,然后放在恒温恒湿箱中于 15～30℃任一点平衡 24h,并在此平衡条件下称重(精确到 0.1mg),记下平衡温度和滤膜重量,将其平放在滤膜袋或盒内。

③ 采样:用镊子取出称过的滤膜,平放在采样器采样头内的滤膜支持网上(绒面向上),用滤膜夹夹紧。以 100L/min 流量采样 1h,记录采样流量和现场的温度及大气压。

用镊子轻轻取出滤膜,绒面向里对折,放入滤膜袋内。

④ 称量和计算:将采样滤膜在与空白滤膜相同的平衡条件下平衡24h后,用分析天平称量(精确到0.1mg),记下重量(增量不应小于10mg),按下式计算TSP含量:

$$TSP\ 含量(\mu g/m^3) = \frac{(W_1 - W_0) \times 10^9}{QT}$$

式中:W_1 为采样后的滤膜重量,g;

W_0 为空白滤膜的重量,g;

Q 为采样器平均采样流量,L/min;

T 为采样时间,min。

4. 空气污染指数的计算

空气污染指数(API)是一种向社会公众公布的反映和评价空气质量状况的指标。它将常规监测的几种主要空气污染物浓度经过处理简化为单一的数值形式,分级表示空气质量和污染程度(表4-1),具有简明、直观和使用方便的优点。

表4-1 空气污染指数范围及相应的空气质量级别

空气污染指数(API)	质量级别	质量描述	对健康的影响	对应空气质量的适用范围
0~50	I	优	可正常活动	自然保护区、风景名胜区和其他需要特殊保护的地区
51~100	II	良	可正常活动	为城镇规划中确定的居住区、商业交通居民混合区、文化区、一般工业区和农村
101~200	III	轻污染	长期接触,易感人群症状有轻度加剧,健康人群出现刺激症状	特定工业区
201~300	IV	中污染	一定时间接触后,心脏病和肺病患者症状显著加剧,运动耐受力降低,健康人群普遍出现症状	
≥300	V	重污染	健康人明显强烈症状,降低运动耐受力,提前出现某些疾病	

API是指将空气中的污染物的质量浓度依据适当的分级质量浓度限值进行等标化,计算得到简单的量纲为一的指数,可以直观、简明、定量地描述和比较污染的程度。

根据我国城市空气污染的特点,以 SO_2、NO_x 和 TSP 作为计算 API 的暂定项目,并确定 API 为 50、100、200 时,分别对应于我国空气质量标准中日均值的一、二、三级标准的污染浓度限值,500 则对应于对人体健康产生明显危害的污染水平。

API 的计算方法:

（1）内插法计算各污染物的分指数 I_n；

（2）$API_{max}(I_1, I_2, \cdots I_i, \cdots, I_n)$；

（3）该指数所对应的污染物即为该区域或城市的首要污染物。

某种污染物的污染分指数（I_i）按下式计算：

$$I_i = \frac{(c_i - c_{i,j})}{(c_{i,j+1} - c_{i,j})}(I_{i,j+1} - I_{i,j}) + I_{i,j}$$

式中：c_i、I_i 分别为第 i 种污染物的浓度值和污染分指数值；

$c_{i,j}$、$I_{i,j}$ 分别为第 i 种污染物在 j 转折点的极限浓度值和污染分指数值（查表4-2）；

$c_{i,j+1}$、$I_{i,j+1}$ 分别为第 i 种污染物在 $j+1$ 转折点的浓度极限值和污染分指数值。

表 4-2　空气污染指数分级浓度限值

空气污染指数（API）	污染物浓度/（mg/m³）							
	SO_2（日均值）	NO_2（日均值）	PM_{10}（日均值）	TSP（日均值）	SO_2（小时均值）	NO_2（小时均值）	CO（小时均值）	O_3（小时均值）
50	0.050	0.040	0.050	0.120	0.25	0.12	5	0.120
100	0.150	0.080	0.150	0.300	0.50	0.24	10	0.200
200	0.250	0.120	0.250	0.500	1.60	1.13	60	0.400
300	1.600	0.565	0.420	0.625	2.40	2.26	90	0.800
400	2.100	0.750	0.500	0.875	3.20	3.00	120	1.000
500	2.620	0.940	0.600	1.000	4.00	3.75	150	1.200

【例】　（1）SO_2

$$0.150mg/m^3 < c(SO_2) = 0.163mg/m^3 < 0.250mg/m^3$$

$$I_i = \frac{(0.163 - 0.150)}{(0.250 - 0.150)} \times (200 - 100) + 100 = 113$$

属于Ⅲ级空气质量，轻污染。

（2）NO_2

$$0.120mg/m^3 < c(NO_2) = 0.280mg/m^3 < 0.565mg/m^3$$

$$I_i = \frac{(0.280 - 0.120)}{(0.565 - 0.120)} \times (300 - 200) + 200 = 236$$

属于Ⅳ级空气质量，中污染。

（3）TSP

$$0.625mg/m^3 < c(TSP) = 0.705mg/m^3 < 0.875mg/m^3$$

$$I_i = \frac{(0.705 - 0.625)}{(0.875 - 0.625)} \times (400 - 300) + 300 = 332$$

属于Ⅴ级空气污染，重度污染。

（二）校园水环境监测

1. 水环境监测调查和资料收集

校园环境水样很多，有汇集在校园内的地表水，此外还有校园排放的污水。水环境现状调查和资料收集，除调查收集校园内水污染物排放情况外，还需了解校园所在地区有关水污染源及其水质情况、有关受纳水体的水质参数等。有关水污染源的调查可按表4-3进行。

表4-3　水污染源调查

污染源名称	用水量/(t/d)	排水量/(t/d)	排放的主要污染物	废水排放去向
学生食堂				
教学区				
学生宿舍				
…				
污水总排放口				

2. 水环境监测项目和范围

（1）监测项目

水环境监测项目包括水质监测项目和水文监测项目。校园水环境监测项目可以只开展水质监测项目。对于地表水，水质监测项目可分为水质常规项目、特征污染物和水域敏感参数。水质常规项目可根据校园内实验室、校办工厂、医院、生活区等排放的污染物来选取，敏感水质参数可选择受纳水域敏感的或曾出现过超标而要求控制的污染物。此外，还要结合《地表水环境质量标准》（GB 3838—2002）、《污水综合排放标准》（GB 8978—1996）、《生活饮用水水质卫生规范》（2001）确定水质监测指标，可按表4-4进行。

表4-4　水质监测指标

水质类别	水质监测指标										
饮用水	pH	Cr^{6+}	Cd	Pb	Cu	Zn	Mn	Fe	$NO_3^- - N$	总硬度	…
地表水	pH	Cr^{6+}	Cd	Pb	Cu	Zn	DO	COD_{Cr}	BOD_5	$NH_3 - N$	…
污水	pH	Cr^{6+}	Cd	Pb	Cu	Zn	SS	COD_{Cr}	BOD_5	$NH_3 - N$	…

（2）监测范围

如果校园内有湖泊（或人工湖），可直接在校园内湖泊取样监测。如果校园废水排入城市下水道，可在污水总排放口或污水排放口进行监测。

3. 采样点布设、采样时间和频率、采样方法

（1）采样点布设

湖泊的采样点应尽可能覆盖污染物所形成的污染面积，并切实反映水域水质特征；如果校园排水是直接排入城市下水道，可以在校园污水总排放口或污水排放口进行采样布点，以了解其排水水质和处理效果。

（2）采样时间和频率

监测目的和水体不同,采样的频率往往也不相同。对湖泊的水质调查3～4d,至少应有1d对所有已选定的水质参数采样分析。一般情况下,每天每个水质参数只采一个水样。对校园污水总排放口或污水排放口,可每隔2～3h采样一次。

（3）采样方法

根据监测项目确定是混合（综合）采样还是单独采样。采样器需事先用洗涤剂、自来水、10％硝酸或盐酸、蒸馏水洗涤干净、沥干,采样前用被采集的水样洗涤两三次。采样时应避免激烈搅动,以免水体和漂浮物进入采样桶;采样桶桶口要迎着水流方向浸入水中,水充满后迅速提出水面,需加保存剂时应在现场加入。为特殊监测项目采样时,要注意特殊要求,如应用碘量法测定水中溶解氧,需防止曝气或残存气泡的干扰等。

采样点、采样时间和频率、水样采集类型列于表4-5中。

表 4-5　采样点、采样时间和频率、水样采集类型

采样点	采样时间	采样频率/(次/d)	水样类型（瞬时、混合、综合）
总排污口			
学生食堂			
教学区			
学生宿舍			
…			
地表水			
饮用水			

4. 分析方法、数据处理与结果表示

（1）分析方法

按国家环保局规定的《水和废水分析方法》进行,可按表4-6编写。

表 4-6　监测项目的分析方法及检出下限

序号	监测项目	分析方法	检出下限/(mg/L)	国标号
1	pH 值	玻璃电极法	—	GB 6920－86
2	DO	碘量法	0.2	GB 7489－89
3	CODcr	重铬酸盐法	5	GB 11914－89
4	BOD_5	五天培养法（稀释与接种法）	2	GB 7488－87
5	$NH_3 - N$	纳氏试剂比色法	0.05	GB 7479－87
6	SS	重量法	—	GB 11901－89
7	Cr^{6+}	二苯碳酰二肼分光光度法	0.004	GB 7467－87
8	Cu	原子吸收分光光度法	0.05	GB 7475－87
9	Zn	原子吸收分光光度法	0.05	GB 7475－87

续 表

序号	监测项目	分析方法	检出下限/(mg/L)	国标号
10	Cd	原子吸收分光光度法	0.001	GB 7475—87
11	Pb	原子吸收分光光度法	0.2	GB 7475—87
12	Mn	原子吸收分光光度法	0.05	GB 11911—89
13	Fe	原子吸收分光光度法	0.05	生活饮用水检验规范(2001)
14	$NO_3^- - N$	酚二磺酸分光光度法	0.02	GB 7480—87
15	总硬度	配位滴定法	0.01	生活饮用水检验规范(2001)
...				

（2）数据处理

监测结果的原始数据要根据有效数字的保留规则正确书写,监测数据的运算要遵循运算规则。在数据处理中,对出现的可疑数据,首先从技术上查明原因,然后再用统计检验处理,经检验验证后属离群数据应予剔除,以使测定结果更符合实际。

（3）分析结果的表示

可按表 4-7 对水质监测结果进行统计。

表 4-7 水质监测结果统计表

采样点	污染因子	pH	SS	DO	CODcr	BOD5	NH₃-N	Cr⁶⁺	Cu	...
总排污口	浓度/(mg/L)									
	超标倍数									
食堂污水	浓度/(mg/L)									
	超标倍数									
教学区污水	浓度/(mg/L)									
	超标倍数									
...										
GB 8978—1996 三级标准值										
地表水（湖水）	浓度/(mg/L)									
	超标倍数									
GB 3838—2002 Ⅴ类标准值										
饮用水	浓度/(mg/L)									
	超标倍数									

5. 对校园内水及污水水质进行简单评价

校园的水及污水水质与国家相应标准比较,用标准指数法进行评价并得出结论;分析校园水及污水水质现状;提出改善校园水及污水水质的建议及措施。

(三) 校园声环境监测

1. 实验基本要求

在掌握噪声概念及噪声计工作原理的基础上,重点掌握等效连续 A 声级的概念、计算及其在噪声评价中的应用;熟悉噪声监测方案设计全过程,熟悉噪声背景资料的收集方法;掌握噪声计的使用方法,实施噪声监测;绘制校园噪声污染分布情况图,编写监测报告书,根据国家标准对校园噪声进行评价,提出防噪降噪的建议与措施。

2. 布点

根据《声环境质量标准》(GB 3096—2008)附录 B《声环境功能区监测方法》中的网格布点法布点,并在此基础上根据实地环境进行调整,选取比较具有代表性的点。

3. 噪声分析仪

采用 HS6288 型多功能噪声分析仪,具体使用方法见本教材实验十四。

4. 噪声监测

在教师指导下掌握仪器的使用方法,测量前后均用标准噪声源对噪声计进行调校。

测量中,每隔 5s 读取一个瞬时 A 声级,连续读取 120 个数据。读数的同时记录附近主要噪声来源和天气条件。天气条件要求在无雨无雪,声级计应保持传声器膜片清洁,风力在三级以上必须加风罩(以避免风噪声的干扰),五级以上大风则应停止测量。测量过程中,一人手持仪器测量,另一人记录瞬时声级,传声器要求距离地面 1.2m,测量时噪声仪距任意建筑物不得小于 1m,传声器对准声源方向。

注:校门口必须布点,且由于其交通车辆的干扰,声级变化较大,此点最好测量 200 个数据,并要求记录来往交通车辆数目。

5. 噪声评价方法

评价采用等效连续声级法。将全部网格中心测点测量 10min 的等效声级 L_{eq} 做算术平均运算,得到的平均值代表某一声环境功能区的总体环境噪声水平,并计算标准偏差。该等效声级算术平均值代表该区域的噪声水平,可以对照《声环境质量标准》(GB 3096—2008),评价该区域的声环境质量是否符合标准。

根据每个网格中心的噪声值及对应的网格面积,统计不同噪声影响水平下面积百分比,以及昼间、夜间的达标面积比例。有条件可估算受影响人口。

声环境功能区的类型及相应的环境噪声限值参见附录 3。

参考文献

1. 奚旦立,孙裕生.环境监测(第4版).北京:高等教育出版社,2010.

2. 环境保护部环境工程评估中心.建设项目环境影响评价培训教材.北京:中国环境科学出版社,2011.

3. 吴忠标,吴祖成,沈学优等.环境监测.北京:化学工业出版社,2003.

4. 国家环境保护总局,《水和废水监测分析方法》编委会编.水和废水监测分析方法(第4版).北京:中国环境科学出版社,2002.

5. 费学宁主编.现代水质监测分析技术.北京:化学工业出版社,2005.

6. 国家环境保护总局,《空气和废气监测分析方法》编委会编.空气和废气监测分析方法(第4版).北京:中国环境科学出版社,2003.

7. 曾凡刚.大气环境监测.北京:化学工业出版社,2003.

8. 齐文启,孙宗光,边归国.环境监测新技术.北京:化学工业出版社,2003.

9. 孙成,于红霞.环境监测实验.北京:科学出版社,2003.

10. 孙福生,张丽君等.环境监测实验.北京:化学工业出版社,2007.

11. 吴邦灿,费龙.现代环境监测技术.北京:中国环境科学出版社,1999.

12. 李光浩主编.环境监测实验.武汉:华中科技大学出版社,2010.

附　录

附录1　环境空气质量标准

Ambient air quality standards

（GB 3095—2012）

前　言

为贯彻《中华人民共和国环境保护法》和《中华人民共和国大气污染防治法》，保护和改善生活环境、生态环境，保障人体健康，制定本标准。

本标准规定了环境空气功能区分类、标准分级、污染物项目、平均时间及浓度限值、监测方法、数据统计的有效性规定及实施与监督等内容。各省、自治区、直辖市人民政府对本标准中未作规定的污染物项目，可以制定地方环境空气质量标准。

本标准中的污染物浓度均为质量浓度。

本标准首次发布于1982年。1996年第一次修订，2000年第二次修订，本次为第三次修订。本标准将根据国家经济社会发展状况和环境保护要求适时修订。

本次修订的主要内容：

——调整了环境空气功能区分类，将三类区并入二类区；

——增设了颗粒物（粒径小于等于2.5μm）浓度限值和臭氧8小时平均浓度限值；

——调整了颗粒物（粒径小于等于10μm）、二氧化氮、铅和苯并[α]芘等的浓度限值；

——调整了数据统计的有效性规定。

自本标准实施之日起，《环境空气质量标准》（GB 3095—1996）、《〈环境空气质量标准〉（GB 3095—1996）修改单》（环发〔2000〕1号）和《保护农作物的大气污染物最高允许浓度》（GB 9137—88）废止。

本标准附录A为资料性附录，为各省级人民政府制定地方环境空气质量标准提供参考。

本标准由环境保护部科技标准司组织制订。

本标准主要起草单位：中国环境科学研究院、中国环境监测总站。

本标准环境保护部2012年2月29日批准。

本标准由环境保护部解释。

1　适用范围

本标准规定了环境空气功能区分类、标准分级、污染物项目、平均时间及浓度限值、监测方法、数据统计的有效性规定及实施与监督等内容。本标准适用于环境空气质量评价与管理。

2 规范性引用文件

本标准引用下列文件或其中的条款。凡是不注明日期的引用文件，其最新版本适用于本标准。

GB 8971 空气质量 飘尘中苯并[α]芘的测定 乙酰化滤纸层析荧光分光光度法

GB 9801 空气质量 一氧化碳的测定 非分散红外法

GB/T 15264 环境空气 铅的测定 火焰原子吸收分光光度法

GB/T 15432 环境空气[2] 总悬浮颗粒物的测定 重量法

GB/T 15439 环境空气 苯并[α]芘的测定 高效液相色谱法

HJ 479 环境空气 氮氧化物(一氧化氮和二氧化氮)的测定 盐酸萘乙二胺分光光度法

HJ 482 环境空气 二氧化硫的测定 甲醛吸收-副玫瑰苯胺分光光度法

HJ 483 环境空气 二氧化硫的测定 四氯汞盐吸收-副玫瑰苯胺分光光度法

HJ 504 环境空气 臭氧的测定 靛蓝二磺酸钠分光光度法

HJ 539 环境空气 铅的测定 石墨炉原子吸收分光光度法(暂行)

HJ 590 环境空气 臭氧的测定 紫外光度法

HJ 618 环境空气 PM_{10} 和 $PM_{2.5}$ 的测定 重量法

HJ 630 环境监测质量管理技术导则

HJ/T 193 环境空气质量自动监测技术规范

HJ/T 194 环境空气质量手工监测技术规范

《环境空气质量监测规范(试行)》(国家环境保护总局公告 2007 年第 4 号)

《关于推进大气污染联防联控工作改善区域空气质量的指导意见》(国办发〔2010〕33 号)

3 术语与定义

下列术语和定义适用于本标准。

3.1 环境空气 ambient air

指人群、植物、动物和建筑物所暴露的室外空气。

3.2 总悬浮颗粒物 total suspended particle(TSP)

指环境空气中空气动力学当量直径≤100μm 的颗粒物。

3.3 颗粒物 particulate matter(PM_{10})

指环境空气中空气动力学当量直径≤10μm 的颗粒物，也称可吸入颗粒物。

3.4 颗粒物 particulate matter($PM_{2.5}$)

指环境空气中空气动力学当量直径≤2.5μm 的颗粒物，也称细颗粒物。

3.5 铅 lead

3.6 苯并[α]芘 benzo[α]pyrene(BαP)

指存在于颗粒物（PM$_{10}$）中的苯并[α]芘。

3.7 氟化物 fluorid

指以气态和颗粒态形式存在的无机氟化物

3.8 1小时平均 1-hour average

指任何时刻前一小时污染物浓度的算术平均值。

3.9 8小时平均 8-hour average

指以某一时刻作为计时终点的前8个小时平均浓度的算术平均值，也称8小时滑动平均。

3.10 24小时平均 24-hour average

指一个自然日24个小时平均浓度的算术平均值。

3.11 月平均 monthly average

指一个日历月内各日平均浓度的算术平均值。

3.12 季平均 quarterly average

指一个日历季内各日平均浓度的算术平均值。

3.13 年平均 annual mean

指一个日历年内各日平均浓度的算术平均值。

3.14 植物生长季平均 plant growing season average

指任何一个植物生长季月平均浓度的算术平均值。

3.15 标准状态 standard state

指温度为273K、压力为101.325kPa时的状态。本标准中的污染物浓度均为标准状态下的浓度。

4 环境功能区分类和质量要求

4.1 环境空气质量功能区分类

环境空气功能区分为二类：一类区为自然保护区、风景名胜区和其他需要特殊保护的区域；二类区为居住区、商业交通居民混合区、文化区、工业区和农村地区。

4.2 环境空气功能区质量要求

一类区适用一级浓度限值，二类区适用二级浓度限值。一、二类环境空气功能区质量要求见表1和表2。

表1 环境空气污染物基本项目浓度限值

序号	污染物项目	平均时间	浓度限值		单位
			一级	二级	
1	二氧化硫（SO$_2$）	年平均	20	60	μg/m^3
		24小时平均	50	150	
		1小时平均	150	500	

续　表

序号	污染物项目	平均时间	浓度限值		单位
			一级	二级	
2	二氧化氮（NO₂）	年平均	40	40	mg/m³
		24 小时平均	80	80	
		1 小时平均	200	200	
3	一氧化碳（CO）	24 小时平均	4	4	μg/m³
		1 小时平均	10	10	
4	臭氧（O₃）	日最大 8 小时平均	100	160	μg/m³
		1 小时平均	160	200	
5	颗粒物（粒径小于等于 10μm）	年平均	40	70	μg/m³
		24 小时平均	50	150	
6	颗粒物（小于等于 2.5μm）	年平均	15	35	μg/m³
		24 小时平均	35	75	

表 2　环境空气污染物其他项目浓度限值

序号	污染物项目	平均时间	浓度限值		单位
			一级	二级	
1	总悬浮颗粒物（TSP）	年平均	80	200	μg/m³
		24 小时平均	120	300	
2	氮氧化物（NOₓ）	年平均	50	50	
		24 小时平均	100	100	
3	铅（Pb）	年平均	0.5	0.5	
		季平均	1	1	
4	苯并［α］芘（BαP）	年平均	0.001	0.001	
		24 小时平均	0.0025	0.0025	

4.3　本标准自 2016 年 1 月 1 日起在全国实施。基本项目（表 1）在全国范围内实施；其他项目（表 2）由国务院环境保护行政主管部门或者省级人民政府根据实际情况，确定具体实施方式。

4.4　在全国实施本标准之前，国务院环境保护行政主管部门可根据《关于推进大气污染联防联控工作改善区域空气质量的指导意见》等文件要求指定部分地区提前实施本标准，具体实施方案（包括地域范围、时间等）另行公告；各省级人民政府也可根据实际情况和当地环境保护的需要提前实施本标准。

5 监测

环境空气监测中的采样点、采样环境、采样高度及采样频率的要求,按《环境监测技术规范》(大气部分)执行。

5.1 监测点位布设

表1和表2中环境空气监测中的监测点位的设置,应按照《环境监测技术规范》(大气部分)的要求执行。

5.2 样品采集

环境空气质量监测的采样环境、采样高度及采样频率的要求,按 HJ/T 193 或 HJ/T 194 执行。

5.3 分析方法

按照表3的要求,采取相应的方法分析各项污染物的浓度。

表3 各项污染物分析方法

序号	污染物项目	手工分析方法		自动分析方法
		分析方法	标准编号	
1	二氧化硫(SO_2)	环境空气 二氧化硫的测定 甲醛吸收-副玫瑰苯胺分光光度法	HJ 482	紫外荧光法、差分吸收光谱分析法
		环境空气 二氧化硫的测定 四氯汞盐吸收-副玫瑰苯胺分光光度法	HJ 483	
2	二氧化氮(NO_2)	环境空气 氮氧化物(一氧化氮和二氧化氮)的测定 盐酸萘乙二胺分光光度法	HJ 479	化学发光法、差分吸收光谱分析法
3	一氧化碳(CO)	空气质量 一氧化碳的测定 非分散红外法	GB 9801	气体滤波相关红外吸收法、非分散红外吸收法
4	臭氧(O_3)	环境空气 臭氧的测定 靛蓝二磺酸钠分光光度法	HJ 504	紫外荧光法、差分吸收光谱分析法
		环境空气 臭氧的测定 紫外光度法	HJ 590	
5	颗粒物(粒径小于等于 $10\mu m$)	环境空气 PM_{10} 和 $PM_{2.5}$ 的测定 重量法	HJ 618	微量振荡天平法、β 射线法
6	颗粒物(粒径小于等于 $2.5\mu m$)	环境空气 PM_{10} 和 $PM_{2.5}$ 的测定 重量法	HJ 618	微量振荡天平法、β 射线法
7	总悬浮颗粒物(TSP)	环境空气 总悬浮颗粒物的测定 重量法	GB/T 15432	—
8	氮氧化物(NO_x)	环境空气 氮氧化物(一氧化氮和二氧化氮)的测定 盐酸萘乙二胺分光光度法	HJ 479	化学发光法、差分吸收光谱分析法

附录

续 表

序号	污染物项目	手工分析方法		自动分析方法
		分析方法	标准编号	
9	铅(Pb)	环境空气 铅的测定 石墨炉原子吸收分光光度法(暂行)	HJ 539	—
		环境空气 铅的测定 火焰原子吸收分光光度法	GB/T 15264	—
10	苯并[α]芘(BαP)	空气质量 飘尘中苯并[α]芘的测定 乙酰化滤纸层析荧光分光光度法	GB8971	—
		环境空气 苯并[α]芘的测定 高效液相色谱法	GB/T 15439	—

6 数据统计有效性的规定

6.1 应采取措施保证监测数据的准确性、连续性和完整性,确保全面、客观地反映监测结果。不得利用数据有效性规则,达到不正当的目的;不得选择性地舍弃不利数据,人为干预监测和评价结果。

6.2 采用自动监测设备监测时,监测仪器应全年365天(闰年366天)连续运行。在监测仪器校准、停电和设备故障,以及其他不可抗拒的因素导致不能获得连续监测数据时,应采取有效措施确保及时恢复。

6.3 异常值的判断和处理应符合 HJ 630 的规定。对于监测过程中缺失和删除的数据均应说明原因,并保留详细的原始数据记录,以备数据审核。

6.4 任何情况下,有效的污染物数据均应符合表4中的最低要求,否则应视为无效数据。

表4 污染物浓度数据有效性的最低要求

污染物项目	平均时间	数据有效性规定
二氧化硫(SO_2)、二氧化氮(NO_2)、颗粒物(粒径小于等于$10\mu m$)、颗粒物(粒径小于等于$2.5\mu m$)、氮氧化物(NO_x)	年平均	每年至少有 324 个日平均浓度值 每月至少有 27 个日平均浓度值(二月至少有 25 个日平均浓度值)
二氧化硫(SO_2)、二氧化氮(NO_2)、一氧化碳(CO)、颗粒物(粒径小于等于$10\mu m$)、颗粒物(粒径小于等于$2.5\mu m$)、氮氧化物(NO_x)	24 小时平均	每日至少有 20 个小时平均浓度值或采样时间
臭氧(O_3)	8 小时平均	每 8 小时至少有 6 小时平均浓度值

污染物项目	平均时间	数据有效性规定
二氧化硫(SO_2)、二氧化氮(NO_2)、一氧化碳(CO)、臭氧(O_3)、氮氧化物(NO_x)	1 小时平均	每小时至少有 45 分钟的采样时间
总悬浮颗粒物(TSP)、苯并[α]芘(BαP)、铅(Pb)	年平均	每年至少有分布均匀的 60 个日平均浓度值 每月至少有分布均匀的 5 个日平均浓度值
铅(Pb)	季平均	每季至少有分布均匀的 15 个日平均浓度值 每月至少有分布均匀的 5 个日平均浓度值
总悬浮颗粒物(TSP)、苯并[α]芘(BαP)、铅(Pb)	24 小时平均	每日应有 24 小时的采样时间

7　实施与监督

7.1　本标准由各级环境保护行政主管部门负责监督实施。

7.2　各类环境空气功能区的范围由县级以上(含县级)人民政府环境保护行政主管部门划分,报本级人民政府批准实施。

7.3　按照《中华人民共和国大气污染防治法》的规定,未达到本标准的大气污染防治重点城市,应当按照国务院或者国务院环境保护行政主管部门规定的期限,达到本标准。该城市人民政府应当制定限期达标规划,并可以根据国务院的授权或者规定,采取更严格的措施,按期实现达标规划。

附录 A
(资料性附录)
环境空气中镉、汞、砷、六价铬浓度限值

污染物限值

各省级人民政府可根据当地环境保护的需要,针对环境污染的特点,对本标准中未规定

的污染物项目制定并实施地方环境空气质量标准。以下为部分环境空气中污染物参考限值。

表 A.1　环境空气中镉、汞、砷、六价铬和氟化物参考浓度限值

序号	污染物项目	平均时间	浓度（通量）限值		单位
			一级	二级	
1	镉（Cd）	年平均	0.005	0.005	μg/m³
2	汞[Hg]	年平均	0.05	0.05	
3	砷[As]	年平均	0.006	0.006	
4	六价铬[Cr(Ⅵ)]	年平均	0.000025	0.000025	
5	氟化物（F）	1 小时平均	20①	20①	μg/(dm²·d)
		24 小时平均	7①	7①	
		月平均	1.8②	3.0③	
		植物生长平均	1.2②	2.0③	

注：①适用于城市地区；②适用于牧业区和以牧业为主的半农半牧区，蚕桑区；③适用于农业和林业区

附录2　地表水环境质量标准
Environmental quality standards for surface water
（GB 3838—2002）

前　言

为贯彻《中华人民共和国环境保护法》和《中华人民共和国水污染防治法》，防治水污染，保护地表水水质，保障人体健康，维护良好的生态系统，制定本标准。

本标准将标准项目分为：地表水环境质量标准基本项目、集中式生活饮用水地表水源地补充项目和集中式生活饮用水地表水源地特定项目。地表水环境质量标准基本项目适用于全国江河、湖泊、运河、渠道、水库等具有使用功能的地表水水域；集中式生活饮用水地表水源地补充项目和特定项目适用于集中式生活饮用水地表水源地一级保护区和二级保护区。集中式生活饮用水地表水源地特定项目由县级以上人民政府环境保护行政主管部门根据本地区地表水水质特点和环境管理的需要进行选择，集中式生活饮用水地表水源地补充项目和选择确定的特定项目作为基本项目的补充指标。

本标准项目共计 109 项，其中地表水环境质量标准基本项目 24 项，集中式生活饮用水地表水源地补充项目 5 项，集中式生活饮用水地表水源地特定项目 80 项。

与 GHZB1—1999 相比，本标准在地表水环境质量标准基本项目中增加了总氮一项指标，删除了基本要求和亚硝酸盐、非离子氨及凯氏氮三项指标，将硫酸盐、氯化物、硝酸盐、铁、锰调整为集中式生活饮用水地表水源地补充项目，修订了 pH、溶解氧、氨氮、总磷、高锰酸盐指数、铅、粪大肠菌群 7 个项目的标准值，增加了集中式生活饮用水地表水源地特定项目 40 项。本标准删除了湖泊水库特定项目标准值。

县级以上人民政府环境保护行政主管部门及相关部门根据职责分工,按本标准对地表水各类水域进行监督管理。

与近海水域相连的地表水河口水域根据水环境功能按本标准相应类别标准值进行管理,近海水功能区水域根据使用功能按《海水水质标准》相应类别标准值进行管理。批准划定的单一渔业水域按《渔业水质标准》进行管理。处理后的城市污水及与城市污水水质相近的工业废水用于农田灌溉用水的水质按《农田灌溉水质标准》进行管理。

《地面水环境质量标准》(GB 3838—83)为首次发布,1988 年为第一次修订,1999 年为第二次修订,本次为第三次修订。本标准自 2002 年 6 月 1 日起实施,《地面水环境质量标准》(GB 3838—88)和《地表水环境质量标准》(GHZB1—1999)同时废止。本标准由国家环境保护总局科技标准司提出并归口。

本标准由中国环境科学研究院负责修订。本标准由国家环境保护总局 2002 年 4 月 26 日批准。本标准由国家环境保护总局负责解释。

1 范围

1.1 本标准按照地表水环境功能分类和保护目标,规定了水环境质量应控制的项目及限值,以及水质评价、水质项目的分析方法和标准的实施与监督。

1.2 本标准适用于中华人民共和国领域内江河、湖泊、运河、渠道、水库等具有使用功能的地表水水域。具有特定功能的水域,执行相应的专业用水水质标准。

2 引用标准

《生活饮用水卫生规范》(卫生部,2001 年)和本标准表 4~表 6 所列分析方法标准及规范中所含条文在本标准中被引用即构成为本标准条文,与本标准同效。当上述标准和规范被修订时,应使用其最新版本。

3 水域功能和标准分类

依据地表水水域环境功能和保护目标,按功能高低依次划分为五类:

Ⅰ类 主要适用于源头水、国家自然保护区;

Ⅱ类 主要适用于集中式生活饮用水地表水源地一级保护区、珍稀水生生物栖息地、鱼虾类产卵场、仔稚幼鱼的索饵场等;

Ⅲ类 主要适用于集中式生活饮用水地表水源地二级保护区、鱼虾类越冬场、洄游通道、水产养殖区等渔业水域及游泳区;

Ⅳ类 主要适用于一般工业用水区及人体非直接接触的娱乐用水区;

Ⅴ类 主要适用于农业用水区及一般景观要求水域。

对应地表水上述五类水域功能,将地表水环境质量标准基本项目标准值分为五类,不同功能类别分别执行相应类别的标准值。水域功能类别高的标准值严于水域功能类别低的标准值。同一水域兼有多类使用功能的,执行最高功能类别对应的标准值。实现水域功能与达功能类别标准为同一含义。

4 标准值

4.1 地表水环境质量标准基本项目标准限值见表1。

4.2 集中式生活饮用水地表水源地补充项目标准限值见表2。

4.3 集中式生活饮用水地表水源地特定项目标准限值见表3。

表1 地表水环境质量标准基本项目标准限值

单位:mg/L

序号	标准值分类 项目	I类	II类	III类	IV类	V类
1	水温(℃)	人为造成的环境水温变化应限制在:周平均最大温升≤1 周平均最大温降≤2				
2	pH值(无量纲)	6~9				
3	溶解氧≥	饱和率90%(或7.5)	6	5	3	2
4	高锰酸盐指数≤	2	4	6	10	15
5	化学需氧量(COD)≤	15	15	20	30	40
6	五日生化需氧量(BOD_5)≤	3	3	4	6	10
7	氨氮(NH_3-N)≤	0.15	0.5	1.0	1.5	2.0
8	总磷(以P计)≤	0.02(湖、库0.01)	0.1(湖、库0.025)	0.2(湖、库0.05)	0.3(湖、库0.1)	0.4(湖、库0.2)
9	总氮(湖、库,以N计)≤	0.2	0.5	1.0	1.5	2.0
10	铜≤	0.01	1.0	1.0	1.0	1.0
11	锌≤	0.05	1.0	1.0	2.0	2.0
12	氟化物(以F^-计)≤	1.0	1.0	1.0	1.5	1.5
13	硒≤	0.01	0.01	0.01	0.02	0.02
14	砷≤	0.05	0.05	0.05	0.1	0.1
15	汞≤	0.00005	0.00005	0.0001	0.001	0.001
16	镉≤	0.001	0.005	0.005	0.005	0.01
17	铬(六价)≤	0.01	0.05	0.05	0.05	0.1

序号	标准值 项目 / 分类	Ⅰ类	Ⅱ类	Ⅲ类	Ⅳ类	Ⅴ类
18	铅≤	0.01	0.01	0.05	0.05	0.1
19	氰化物≤	0.005	0.05	0.2	0.2	0.2
20	挥发酚≤	0.002	0.002	0.005	0.01	0.1
21	石油类≤	0.05	0.05	0.05	0.5	1.0
22	阴离子表面活性剂≤	0.2	0.2	0.2	0.3	0.3
23	硫化物≤	0.05	0.1	0.2	0.5	1.0
24	粪大肠菌群(个/L)≤	200	2000	10000	20000	40000

表2 集中式生活饮用水地表水源地补充项目标准限值

单位:mg/L

序号	项目	标准值
1	硫酸盐(以 SO_4^{2-} 计)	250
2	氯化物(以 Cl^- 计)	250
3	硝酸盐(以 N 计)	10
4	铁	0.3
5	锰	0.1

表3 集中式生活饮用水地表水源地特定项目标准限值

单位:mg/L

序号	项目	标准值	序号	项目	标准值
1	三氯甲烷	0.06	10	三氯乙烯	0.07
2	四氯化碳	0.002	11	四氯乙烯	0.04
3	三溴甲烷	0.1	12	氯丁二烯	0.002
4	二氯甲烷	0.02	13	六氯丁二烯	0.0006
5	1,2-二氯乙烷	0.03	14	苯乙烯	0.02
6	环氧氯丙烷	0.02	15	甲醛	0.9
7	氯乙烯	0.005	16	乙醛	0.05
8	1,1-二氯乙烯	0.03	17	丙烯醛	0.1
9	1,2-二氯乙烯	0.05	18	三氯乙醛	0.01

附
录

续　表

序号	项目	标准值	序号	项目	标准值
19	苯	0.01	46	四乙基铅	0.0001
20	甲苯	0.7	47	吡啶	0.2
21	乙苯	0.3	48	松节油	0.2
22	二甲苯①	0.5	49	苦味酸	0.5
23	异丙苯	0.25	50	丁基黄原酸	0.005
24	氯苯	0.3	51	活性氯	0.01
25	1,2-二氯苯	1.0	52	滴滴涕	0.001
26	1,4-二氯苯	0.3	53	林丹	0.002
27	三氯苯②	0.02	54	环氧七氯	0.0002
28	四氯苯③	0.02	55	对硫磷	0.003
29	六氯苯	0.05	56	甲基对硫磷	0.002
30	硝基苯	0.017	57	马拉硫磷	0.05
31	二硝基苯④	0.5	58	乐果	0.08
32	2,4-二硝基甲苯	0.0003	59	敌敌畏	0.05
33	2,4,6-三硝基甲苯	0.5	60	敌百虫	0.05
34	硝基氯苯⑤	0.05	61	内吸磷	0.03
35	2,4-二硝基氯苯	0.5	62	百菌清	0.01
36	2,4-二氯苯酚	0.093	63	甲萘威	0.05
37	2,4,6-三氯苯酚	0.2	64	溴氰菊酯	0.02
38	五氯酚	0.009	65	阿特拉津	0.003
39	苯胺	0.1	66	苯并[α]芘	2.8×10^{-6}
40	联苯胺	0.0002	67	甲基汞	1.0×10^{-6}
41	丙烯酰胺	0.0005	68	多氯联苯⑥	2.0×10^{-6}
42	丙烯腈	0.1	69	微囊藻毒素-LR	0.001
43	邻苯二甲酸二丁酯	0.003	70	黄磷	0.003
44	邻苯二甲酸二（2-乙基己基）酯	0.008	71	钼	0.07
45	水合肼	0.01	72	钴	1.0

序号	项目	标准值	序号	项目	标准值
73	铍	0.002	77	钡	0.7
74	硼	0.5	78	钒	0.05
75	锑	0.005	79	钛	0.1
76	镍	0.02	80	铊	0.0001

注：①二甲苯：指对-二甲苯、间-二甲苯、邻-二甲苯。

②三氯苯：指1,2,3-三氯苯、1,2,4-三氯苯、1,3,5-三氯苯。

③四氯苯：指1,2,3,4-四氯苯、1,2,3,5-四氯苯、1,2,4,5-四氯苯。

④二硝基苯：指对-二硝基苯、间-二硝基苯、邻-二硝基苯。

⑤硝基氯苯：指对-硝基氯苯、间-硝基氯苯、邻-硝基氯苯。

⑥多氯联苯：指PCB-1016、PCB-1221、PCB-1232、PCB-1242、PCB-1248、PCB-1254、PCB-1260。

5　水质评价

5.1　地表水环境质量评价应根据应实现的水域功能类别，选取相应类别标准进行单因子评价，评价结果应说明水质达标情况，超标的应说明超标项目和超标倍数。

5.2　丰、平、枯水期特征明显的水域，应分水期进行水质评价。

5.3　集中式生活饮用水地表水源地水质评价的项目应包括表1中的基本项目。表2中的补充项目以及由县级以上人民政府环境保护行政主管部门从表3中选择确定的特定项目。

6　水质监测

6.1　本标准规定的项目标准值，要求水样采集后自然沉降30分钟，取上层非沉降部分按规定方法进行分析。

6.2　地表水水质监测的采样布点、监测频率应符合国家地表水环境监测技术规范的要求。

6.3　本标准水质项目的分析方法应优先选用表4～表6规定的方法，也可采用ISO方法体系等其他等效分析方法，但须进行适用性检验。

表4　地表水环境质量标准基本项目分析方法

序号	基本项目	分析方法	测定下限/（mg/L）	方法来源
1	水温	温度计法		GB 13195—91
2	pH	玻璃电极法		GB 6920—86
3	溶解氧	碘量法	0.2	GB 748989
		电化学探头法		GB 11913—89

续 表

序号	基本项目	分析方法	测定下限/(mg/L)	方法来源
4	高锰酸盐指数		0.5	GB 11892—89
5	化学需氧量	重铬酸盐法	5	CB 11914—89
6	五日生化需氧量	稀释与接种法	2	GB 7488—87
7	氨氮	纳氏试剂比色法	0.05	GB 7479—87
		水杨酸分光光度法	0.01	GB 7481—87
8	总磷	钼酸铵分光光度法	0.01	GB 11893—89
9	总氮	碱性过硫酸钾消解紫外分光光度法	0.05	GB 11894—89
10	铜	2,9-二甲基-1,10-菲啰啉分光光度法	0.06	GB 7473—87
		二乙基二硫代氨基甲酸钠分光光度法	0.010	GB 7474—87
		原子吸收分光光度法(整合萃取法)	0.001	GB 7475——87
11	锌	原子吸收分光光度法	0.05	GB 7475—87
12	氟化物	氟试剂分光光度法	0.05	GB 7483—87
		离子选择电极法	0.05	GB 7484—87
		离子色谱法	0.02	HJ/T 84—2001
13	硒	2,3-二氨基萘荧光法	0.00025	GB 11902—89
		石墨炉原子吸收分光光度法	0.003	GB/T 15505—1995
14	砷	二乙基二硫代氨基甲酸银分光光度法	0.007	GB 7485—87
		冷原子荧光法	0.00006	(1)
15	汞	冷原子吸收分光光度法	0.00005	GB 7468—87
		冷原子荧光法	0.00005	(1)
16	镉	原子吸收分光光度法(整合萃取法)	0.001	GB 7475—87
17	铬(六价)	二苯碳酰二肼分光光度法	0.004	GB 7467—87
18	铅	原子吸收分光光度法整合萃取法	0.01	GB 7475—87
19	总氰化物	异烟酸-吡唑啉酮比色法	0.004	GB 7487—87
		吡啶-巴比妥酸比色法	0.002	
20	挥发酚	蒸馏后4-氨基安替比林分光光度法	0.002	GB 7490—87
21	石油类	红外分光光度法	0.01	GB/T 16488—1996

序号	基本项目	分析方法	测定下限/（mg/L）	方法来源
22	阴离子表面活性剂	亚甲蓝分光光度法	0.05	GB 7494—87
23	硫化物	亚甲基蓝分光光度法	0.005	GB/T 16489—1996
		直接显色分光光度法	0.004	GB/T 17133—1997
24	粪大肠菌群	多管发酵法、滤膜法		（1）

注：暂采用下列分析方法，待国家方法标准发布后，执行国家标准。

（1）水和废水监测分析方法（第 3 版）.北京：中国环境科学出版社，1989.

表 5 集中式生活饮用水地表水源地补充项目分析方法

序号	项目	分析方法	最低检出限/（mg/L）	方法来源
1	硫酸盐	重量法	10	GB 11899—89
		火焰原子吸收分光光度法	0.4	GB 13196—91
		铬酸钡光度法	8	（1）
		离子色谱法	0.09	HJ/T 84—2001
2	氯化物	硝酸银滴定法	10	GB 11896—89
		硝酸汞滴定法	2.5	（1）
		离子色谱法	0.02	HJ/T 84—2001
3	硝酸盐	酚二磺酸分光光度	0.02	GB 7480—87
		紫外分光光度法	0.08	（1）
		离子色谱法	0.08	HJ/T 84—2001
4	铁	火焰原子吸收分光光度法	0.03	GB 11911—89
		邻菲啰啉分光光度法	0.03	（1）
5	锰	火焰原子吸收分光光度法	0.01	GB 11911—89
		甲醛肟光度法	0.01	（1）
		高碘酸钾分光光度法	0.02	GB 11906—89

注：暂采用下列分析方法，待国家方法标准发布后，执行国家标准。

（1）水和废水监测分析方法（第 3 版）.北京：中国环境科学出版社，1989.

表6 集中式生活饮用水地表水源地特定项目分析方法气相色谱法

序号	项目	分析方法	最低检出限/(mg/L)	方法来源
1	三氯甲烷	顶空气相色谱法	0.0003	GB/T 17130—1997
		气相色谱法	0.0006	（2）
2	四氯化碳	顶空气相色谱法	0.00005	GB/T 17130—1997
		气相色谱法	0.0003	（2）
3	三溴甲烷	顶空气相色谱法	0.001	GB/T 17130—1997
		气相色谱法	0.006	（2）
4	二氯甲烷	顶空气相色谱法	0.0087	（2）
5	1,2-二氯乙烷	顶空气相色谱法	0.0125	（2）
6	环氧氯丙烷	气相色谱法	0.02	（2）
7	氯乙烯	气相色谱法	0.001	（2）
8	1,1-二氯乙烯	吹出捕集气相色谱法	0.000018	（2）
9	1,2-二氯乙烯	吹出捕集气相色谱法	0.000012	（2）
10	三氯乙烯	顶空气相色谱法	0.0005	GB/T 17130—1997
		气相色谱法	0.003	（2）
11	四氯乙烯	顶空气相色谱法	0.0002	GB/T 17130—1997
		气相色谱法	0.0012	（2）
12	氯丁二烯	顶空气相色谱法	0.002	（2）
13	六氯丁二烯	气相色谱法	0.00002	（2）
14	苯乙烯	气相色谱法	0.01	（2）
15	甲醛	乙酰丙酮分光光度法	0.05	GB 13197—91
		4-氨基-3-联氨-5-疏基-1,2,4-三氮杂茂（AHMT）分光光度法	0.05	（2）
16	乙醛	气相色谱法	0.24	（2）
17	丙烯醛	气相色谱法	0.019	（2）
18	三氯乙醛	气相色谱法	0.001	（2）
19	苯	液上气相色谱法	0.005	GB 11890—89
		顶空气相色谱法	0.00042	（2）
20	甲苯	液上气相色谱法	0.005	GB 11890—89
		二硫化碳萃取气相色谱法	0.05	
		气相色谱法	0.01	（2）

序号	项目	分析方法	最低检出限/（mg/L）	方法来源
21	乙苯	液上气相色谱法	0.005	GB 11890—89
		二硫化碳萃取气相色谱法	0.05	
		气相色谱法	0.01	（2）
22	二甲苯	液上气相色谱法	0.005	GB 11890—89
		二硫化碳萃取气相色谱法	0.05	
		气相色谱法	0.01	（2）
23	异丙苯	顶空气相色谱法	0.0032	（2）
24	氯苯	气相色谱法	0.01	HJ/T 74—2001
25	1,2-二氯苯	气相色谱法	0.002	GB/T 17131—1997
26	1,4-二氯苯	气相色谱法	0.005	GB/T 17131—1997
27	三氯苯	气相色谱法	0.00004	（2）
28	四氯苯	气相色谱法	0.00002	（2）
29	六氯苯	气相色谱法	0.00002	（2）
30	硝基苯	气相色谱法	0.0002	GB 13194—91
31	二硝基苯	气相色谱法	0.2	（2）
32	2,4-二硝基甲苯	气相色谱法	0.0003	GB 13194—91
33	2,4,6-三硝基甲苯	气相色谱法	0.1	（2）
34	硝基氯苯	气相色谱法	0.0002	GB 13194—91
35	2,4-二硝基氯苯	气相色谱法	0.1	（2）
36	2,4-二氯苯酚	电子捕获-毛细色谱法	0.0004	（2）
37	2,4,6-三氯苯酚	电子捕获-毛细色谱法	0.00004	（2）
38	五氯酚	气相色谱法	0.00004	GB 8972—88
		电子捕获-毛细色谱法	0.000024	（2）
39	苯胺	气相色谱法	0.002	（2）
40	联苯胺	气相色谱法	0.0002	（2）
41	丙烯酰胺	气相色谱法	0.00015	（2）
42	丙烯腈	气相色谱法	0.10	（2）
43	邻苯二甲酸二丁酯	液相色谱法	0.0001	HJ/T 72—2001
44	邻苯二甲酸二（2-乙基己基）酯	气相色谱法	0.0004	（2）

附录

续 表

序号	项目	分析方法	最低检出限/ (mg/L)	方法来源
45	水合肼	对二甲氨基苯甲醛直接分光光度法	0.005	(2)
46	四乙基铅	双硫腙比色法	0.0001	(2)
47	吡啶	气相色谱法	0.031	GB/T 14672—93
		巴比土酸分光光度法	0.05	(2)
48	松节油	气相色谱法	0.02	(2)
49	苦味酸	气相色谱法	0.001	(2)
50	丁基黄原酸	铜试剂亚铜分光光度法	0.002	(2)
51	活性	N,N-二乙基对苯二胺（DPD）分光光度法	0.01	(2)
		3,3',5,5'-四甲基联苯胺比色法	0.005	(2)
52	滴滴涕	气相色谱法	0.0002	GB 7492—87
53	林丹	气相色谱法	4×10^{-6}	GB 7492—87
54	环氧七氯	液液萃取气相色谱法	0.000083	(2)
55	对硫磷	气相色谱法	0.00054	GB 13192—91
56	甲基对硫磷	气相色谱法	0.00042	GB 13192—91
57	马拉硫磷	气相色谱法	0.00064	GB 13192—91
58	乐果	气相色谱法	0.00057	GB 13192—91
59	敌敌畏	气相色谱法	0.00006	GB 13192—91
60	敌百虫	气相色谱法	0.000051	GB 13192—91
61	内吸磷	气相色谱法	0.0025	(2)
62	百菌清	气相色谱法	0.0004	(2)
63	甲萘威	高效液相色谱法	0.01	(2)
64	溴氰菊酯	气相色谱法	0.0002	(2)
		高效液相色谱法	0.002	(2)
65	阿特拉律	气相色谱法		(3)
66	苯并[α]芘	乙酰化滤纸层析荧光分光光度法	4×10^{-6}	GB 11895—89
		高效液相色谱法	1×10^{-6}	GB 3198—91
67	甲基汞	气相色谱法	1×10^{-8}	GB/T 17132—1997
68	多氯联苯	气相色谱法		(3)
69	微囊藻毒素-LR	高效液相色谱法	0.00001	(2)

序号	项目	分析方法	最低检出限/(mg/L)	方法来源
70	黄磷	钼-锑-抗分光光度法	0.0025	(2)
71	钼	无火焰原子吸收分光光度法	0.00231	(2)
72	钴	无火焰原子吸收分头光度法	0.00191	(2)
73	铍	铬菁 R 分光光度法	0.0002	HJ/T58—2000
		石墨炉原子吸收分光光度法	0.00002	H/T59—2000
		桑色素荧光分光光度法	0.0002	(2)
74	硼	姜黄素分光光度法	0.02	HJ/T49—1999
		甲亚胺-H 分光光度法	0.2	(2)
75	锑	氢化原子吸收分光光度法	0.00025	(2)
76	镍	无火焰原子吸收分光光度法	0.00248	(2)
77	钡	无火焰原子吸收分光光度法	0.00618	(2)
78	钒	钽试剂（BPHA）萃取分光光度法	0.018	GB/T 15503—1995
		无火焰原子吸收分光光度法	0.00698	(2)
79	钛	催化示波极谱法	0.0004	(2)
		水杨基荧光酮分光光度法	0.02	(2)
80	铊	无火焰原子吸收分光光度法	1×10^{-6}	(2)

注：暂采用下列分析方法，待国家方法标准发布后，执行国家标准。

（1）水和废水监测分析方法（第 3 版）.北京：中国环境科学出版社，1989.

（2）生活饮用水卫生规范.中华人民共和国卫生部，2001.

（3）水和废水标准检验法（第 15 版）.北京：中国建筑工业出版社，1985.

7 标准的实施与监督

7.1 本标准由县级以上人民政府环境保护行政主管部门及相关部门按职责分工监督实施。

7.2 集中式生活饮用水地表水源地水质超标项目经自来水厂净化处理后，必须达到《生活饮用水卫生规范》的要求。

7.3 省、自治区、直辖市人民政府可以对本标准中未作规定的项目，制定地方补充标准，并报国务院环境保护行政主管部门备案。

附录3 声环境质量标准
Environmental quality standards for noise
（GB 3096—2008）

前　言

为贯彻《中华人民共和国环境噪声污染防治法》，防治噪声污染，保障城乡居民正常生活、工作和学习的声环境质量，制定本标准。

本标准是对《城市区域环境噪声标准》（GB 3096—93）、《城市区域环境噪声测量方法》（GB/T 14623—93）的修订，与原标准相比主要修改内容如下：

——扩大了标准适用区域，将乡村地区纳入标准适用范围；

——将环境质量标准与测量方法标准合并为一项标准；

——明确了交通干线的定义，对交通干线两侧4类区环境噪声限值作了调整；

——提出了声环境功能区监测和噪声敏感建筑物监测的要求。

本标准于1982年首次发布，1993年第一次修订，本次为第二次修订。

自本标准实施之日起，GB 3096—93和GB/T 14623—93废止。

本标准的附录A为资料性附录；附录B、附录C为规范性附录。

本标准由环境保护部科技标准司组织制订。

本标准起草单位：中国环境科学研究院、北京市环境保护监测中心、广州市环境监测中心站。

本标准环境保护部2008年7月30日批准。

本标准自2008年10月1日起实施。

本标准由环境保护部解释。

1　适用范围

本标准规定了五类环境功能区的环境噪声限值及测量方法。

本标准适用于声环境质量评价与管理。

机场周围区域受飞机通过（起飞、降落、低空飞越）噪声的影响，不适用于本标准。

2　规范性引用文件

本标准内容引用了下列文件或其中的条款。凡是不注日期的引用文件，其有效版本适用于本标准。

GB 3785　声级计电、声性能及测试方法

GB/T 15173　声校准器

GB/T 15190　城市区域环境噪声适用区划分技术规范

GB/T 17181　积分评价声级计

GB/T 50280 城市规划基本术语标准

JTG B01 公路工程技术标准

3 术语和定义

下列术语和定义适用于本标准。

3.1 A声级 A-weighted sound pressure level

用A计权网络测得的声压级,用L_A表示,单位dB(A)。

3.2 等效连续A声级 equivalent continuous A-weighted sound pressure level

简称为等效声级,指在规定测量时间T内A声级的能量平均值,用$L_{Aeq,T}$表示(简写为L_{eq}),单位dB(A)。除特别指明外,本标准中噪声值皆为等效声级。

根据定义,等效声级表示为:

$$L_{eq} = 10\lg\left(\frac{1}{T}\int_0^T 10^{0.1 \cdot L_A}\,\mathrm{d}t\right)$$

式中:L_A——t时刻的瞬时A声级;

T——规定的测量时间段。

3.3 昼间等效声级 day-time equivalent sound level、夜间等效声级 night-time equivalent sound level

在昼间时段内测得的等效声级A声级称为昼间等效声级。用L_d表示,单位dB(A)。

在夜间时段内测得的等效声级A声级称为夜间等效声级。用L_n表示,单位dB(A)。

3.4 昼间 day-time、夜间 night-time

根据《中华人民共和国噪声污染防治法》,"昼间"是指6:00至22:00的时段,"夜间"是指22:00至次日6:00的时段。

县级以上人民政府为环境噪声污染防治的需要(如考虑时差、作息习惯差异等)而对昼间、夜间的划分另有规定的,应按其规定执行。

3.5 最大声级 maximum sound level

在规定测量时间内对频发或偶发噪声事件测得的A声级最大值,用L_{max}表示,单位dB(A)。

3.6 累积百分声级 percentile sound level

用于评价测量时间段内噪声强度时间统计分布特征的指标,指占测量时间段一定比例的累积时间内A声级的最小值,用L_N表示,单位为dB(A)。最常用的是L_{10}、L_{50}和L_{90},其含义如下:

L_{10}——在测量时间内有10%的时间A声级超过的值,相当于噪声的平均峰值。

L_{50}——在测量时间内有50%的时间A声级超过的值,相当于噪声的平均中值。

L_{90}——在测量时间内有90%的时间A声级超过的值,相当于噪声的平均本底值。

如果数据采集是按等间隔时间进行的,用L_N也表示有$N\%$的数据超过的噪声级。

3.7 城市 city、城市规划区 urban planning area

城市是指国家按行政建制设立的直辖市、市和镇。

由城市市区、近郊区以及城市行政区域内其他因城市建设和发展需要实行规划控制的区域,为城市规划区。

3.8 乡村 rural area

乡村是指除城市规划区以外的其他地区,如村庄、集镇等。

村庄是指农村村民居住和从事各种生产的聚居点。

集镇是指乡、民族乡人民政府所在地和经县级人民政府确认由集市发展而成的作为农村一定区域经济、文化和生活服务中心的非建制镇。

3.9 交通干线 traffic artery

指铁路(铁路专用线除外)、高速公路、一级公路、二级公路、城市快速路、城市主干路、城市次干路、城市轨道交通线路(地面段)、内河航道。应根据铁路、交通、城市等规划确定。以上交通干线类型的定义参见附录 A。

3.10 噪声敏感建筑物 noise-sensitive buildings

指医院、学校、机关、科研单位、住宅等需要保持安静的建筑物。

3.11 突发噪声 burst noise

指突然发生、持续时间较短、强度较高的噪声。如锅炉排气、工程爆破等产生的较高噪声。

4 声环境功能区分类

按区域的使用功能特点和环境质量要求,声环境功能区分为以下五种类型:

0 类声环境功能区:指康复疗养区等特别需要安静的区域。

1 类声环境功能区:指以居民住宅、医疗卫生、文化体育、科研设计、行政办公为主要功能,需要保持安静的区域。

2 类声环境功能区:指以商业金融、集市贸易为主要功能,或者居住、商业、工业混杂,需要维护住宅安静的区域。

3 类声环境功能区:指以工业生产、仓储物流为主要功能,需要防止工业噪声对周围环境产生严重影响的区域。

4 类声环境功能区:指交通干线两侧一定区域之内,需要防止交通噪声对周围环境产生严重影响的区域,包括 4a 类和 4b 类两种类型。4a 类为高速公路、一级公路、二级公路、城市快速路、城市主干路、城市次干路、城市轨道交通(地面段)、内河航道两侧区域;4b 类为铁路干线两侧区域。

5 环境噪声限值

5.1 各类声环境功能区使用于表 1 规定的环境噪声等效声级限值。

表 1　环境噪声限值

单位：dB(A)

声环境功能区类别		时段	
		昼间	夜间
0 类		50	40
1 类		55	45
2 类		60	50
3 类		65	55
4 类	4a 类	70	55
	4b 类	70	60

5.2　表1中4b类声环境功能区类别环境噪声限值,适用于2011年1月1日起环境影响评价文件通过审批的新建铁路(含新开廊道的增建铁路)干线建设项目两侧区域;

5.3　在下列情况下,铁路干线两侧区域不通过列车时的环境背景噪声限值,按昼间70dB(A)、夜间55dB(A)执行。

a) 穿越城区的既有铁路干线;

b) 对穿越城区的既有铁路干线进行改建、扩建的铁路建设项目;

既有铁路是指 2010 年 12 月 31 日前已建成运营的铁路或环境影响评价文件已通过审批的铁路建设项目。

5.4　各类声环境功能区夜间突发噪声,其最大声级超过环境噪声限值的幅度不得高于 15dB(A)。

6　环境噪声监测要求

6.1　测量仪器

测量仪器精度为 2 型及 2 型以上的积分平均声级计或环境噪声自动监测仪器,其性能需符合 GB 3785 和 GB/T 17181 的规定,并定期校验。测量前后使用省校准器校准测量仪器的示值偏差不得大于 0.5dB,否则测量无效。声校准器应满足 GB/T 15173 对 1 级或 2 级声校准器的要求。测量时传声器应加防风罩。

6.2　测点选择

根据监测对象和目的,可选择以下三种测点条件(指传声器所置位置)进行环境噪声的测量:

a) 一般户外

距离任何反射物(地面除外)至少 3.5m 外测量,距地面高度 1.2m 以上。必要时可置于高层建筑上,以扩大监测受声范围。使用监测车辆测量,传声器应固定在车顶部 1.2m 高度处。

b) 噪声敏感建筑物户外

在噪声敏感建筑物外,距墙壁或窗户 1m 处,距地面高度 1.2m 以上。

附录

c）噪声敏感建筑物室内

距离墙面和其他反射面至少 1m，距窗约 1.5m 处，距地面 1.2～1.5m 高。

6.3 气象条件

测量应在无雨雪、无雷电天气、风速 5m/s 以下时进行。

6.4 监测类型与方法

根据监测对象和目的，环境噪声监测分为声环境功能区监测和噪声敏感建筑物监测两种类型，分别采用附录 B 和附录 C 规定的监测方法。

6.5 测量记录

测量记录应包括以下事项：

a）日期、时间、地点及测定人员；

b）使用仪器型号、编号及其校准记录；

c）测定时间内的气象条件（风向、风速、雨雪等天气状况）；

d）测量项目及测定结果；

e）测量依据的标准；

f）测定示意图；

g）声源及运行工况说明（如交通噪声测量的交通流量等）；

h）其他应记录的事项。

7 声环境功能区的划分要求

7.1 城市声环境功能区的划分

城市区域应按照 GB/T 15190 的规定划分声环境功能区，分别执行本标准规定的 0、1、2、3、4 类声环境功能区环境噪声限值。

7.2 乡村声环境功能的确定

乡村区域一般不划分声环境功能区，根据环境管理的需要，县级以上人民政府环境保护行政主管部门可按以下要求确定乡村区域适用的声环境质量要求：

a）位于乡村的康复疗养区执行 0 类声环境功能区规定；

b）村庄原则上执行 1 类声环境功能区要求，工业活动较多的村庄以及有交通干线通过的村庄（指执行 4 类声环境功能区要求以外的地区）可局部或全部执行 2 类声环境功能区要求；

c）集镇执行 2 类声环境功能区要求；

d）独立于村庄、集镇之外的工业、仓储集中区执行 3 类声环境功能区要求；

e）位于交通干线两侧一定距离（参考 GB/T 15190 第 8.3 条规定）内噪声敏感建筑物执行 4 类声环境功能区要求。

8 标准的实施要求

本标准由县级以上人民政府环境保护主管部门负责组织实施。

为实施本标准，各地应建立环境噪声监测网络与制度、评价声环境质量状况、进行信息通报与公示、确定达标区和不达标区、制订达标区维持计划与不达标区削减计划,因地制宜改善声环境质量。

附录 A
(资料性附录)
不同类型交通干线的定义

A.1 铁路

以动力集中方式或动力分散方式牵引,行驶于固定钢轨线路上的客货运输系统。

A.2 高速公路

根据 JTG B01,定义如下:

专供汽车分向、分车道行驶,并应全部控制出入的多车道公路,其中:

四车道高速公路应能适应将各种汽车折合成小客车的年平均日交通量 25000～55000 辆;

六车道高速公路应能适应将各种汽车折合成小客车的年平均日交通量 45000～80000 辆;

八车道高速公路应能适应将各种汽车折合成小客车的年平均日交通量 60000～80000 辆;

A.3 一级公路

根据 JTG B01,定义如下:

供汽车分向、分车道行驶,并可根据需要控制出入的多车道公路,其中:

四车道一级公路应能适应将各种汽车折合成小客车的年平均日交通量 15000～30000 辆;

六车道一级公路应能适应将各种汽车折合成小客车的年平均日交通量 25000～55000 辆;

A.4 二级公路

根据 JTG B01,定义如下:

供汽车行驶的双车道公路。

双车道二级公路应能适应将各种汽车折合成小客车的年平均日交通量 5000～15000 辆;

A.5 城市快速路

根据 GB/T 50280,定义如下:

城市道路中设有中央分隔带,具有四条以上的机动车道,全部或部分采用立体交叉与控制出入,供汽车以较高速度行驶的道路,又称汽车专用道。

城市快速路一般在特大城市或大城市中设置,主要起连续城市内各主要地区、沟通对外联系的作用。

A.6 城市主干路

联系城市各主要地区(住宅区、工业区以及港口、机场和车站等客货运中心等),承担城市主要交通任务的交通干道,是城市道路网的骨架。主干线沿线两侧不宜修建过多的车辆和行人出入口。

A.7 城市次干路

城市各区域内部的主要道路,与城市主干路结合成道路网,起集散交通的作用兼有服务功能。

A.8 城市轨道交通

以电能为主要动力,采用钢轮—钢轨为导向的城市公共客运系统。按照运量及运行方式的不同,城市轨道交通分为地铁、轻轨以及有轨电车。

A.9 内河航道

船舶、排筏可以通航的内河水域及其港口。

附录B
(规范性附录)
声环境功能区监测方法

B.1 监测目的

评价不同声环境功能区昼间、夜间的声环境质量,了解功能区环境噪声时空分布特征。

B.2 定点监测法

B.2.1 监测要求

选择能反映各类功能区声环境质量特征的监测点1至若干个,进行长期定点监测,每次测量的位置、高度应保持不变。

对于0、1、2、3类声环境功能区,该监测点应为户外长期稳定、距地面高度为声场空间垂直分布的可能最大值处,其位置应能避开反射面和附近的固定噪声源;4类声环境功能区监测点设于4类区内第一排敏感建筑物户外交通噪声空间垂直分布的可能最大处。

声环境功能区监测每次至少进行一昼夜24小时的连续监测,得出每小时及昼间、夜间的等效声级 L_{eq}、L_d、L_n 和最大声级 L_{max}。用于噪声分析的,可适当增加监测项目,如累积百分声级 L_{10}、L_{50}、L_{90} 等。监测应避开节假日和非正常工作日。

B.2.2 监测结果评价

各监测点位监测结果独立评价,以昼夜等效声级 L_d 和夜间等效声级 L_n 作为评价各监测点位声环境质量是否达标的基本依据。

一个功能区设有多个测点的,应按点次分别统计昼间、夜间的达标率。

B.2.3 环境噪声自动监测系统

全国重点环保城市以及其他有条件的城市和地区宜设置环境噪声自动监测系统,进行不同声环境功能区监测点的连续自动监测。

环境噪声自动监测系统主要是由自动监测子站和中心站及通信系统组成,其中自动监测子站由全天候户外传声器、智能噪声自动监测仪器、数据传输设备等构成。

B.3 普查监测法

B.3.1 0~3类声环境功能区普查监测

B.3.1.1 监测要求

将要普查监测的某一声环境功能区划分成多个等大的正方格,网格要完全覆盖住被普查的区域,且有效网格总数应多于100个。测点应设在每一个网格的中心,测点条件为一般户外条件。

监测分别在昼间工作时间和夜间22:00—24:00(时间不足可顺延)进行。在前述监测时间内,每次每个测点测量10min的等效声级L_{eq},同时记录噪声主要来源。监测应避开节假日和非正常工作日。

B.3.1.2 监测结果评价

将全部网格中心测点测量10min的等效声级L_{eq}做算术平均运算,多得到的平均值代表某一声环境功能区的总体环境噪声水平,并计算标准偏差。

根据每个网格中心的噪声值及对应的网格面积,统计不同噪声影响水平下面积百分比,以及昼间、夜间的达标面积比例。有条件可估算受影响人口。

B.3.2 4类声环境功能区普查监测

B.3.2.1 监测要求

以自然路段、站场、河段等为基础,考虑交通运行特征和两侧噪声敏感建筑物分布情况,划分典型路段(包括河段)。在每个典型路段对应的4类区边界上(指4类区内无噪声敏感建筑物存在时)或第一排噪声敏感建筑物户外(指4类区内有敏感建筑物存在时)选择1个测点进行噪声监测。这些测点应与站、场、码头、岔路口、河流汇入口等相隔一定的距离,避开这些地点的噪声干扰。

监测分昼、夜两个时段进行。分别测量如下规定时间内的等效声级L_{eq}和交通流量,对铁路、城市轨道交通线路(地面段),应同时测量最大声级L_{max},对道路交通噪声应同时测量累积百分声级L_{10}、L_{50}、L_{90}。

根据交通类型的差异,规定的测量时间为:

铁路、城市轨道交通(地面段)、内河航道两侧:昼、夜间各测量不低于平均运行密度的1小时值,若城市轨道交通(地面段)的运行车次密集,测量时间可缩短至20min。

高速公路、一级公路、二级公路、城市快速路、城市主干路、城市次干路两侧:昼、夜间各测量不低于平均运行密度的20min值。

监测应避开节假日和非正常工作日。

B.3.2.2 监测结果评价

将某条交通干线各典型路段测得的噪声值,按路段长度进行加权算术平均,以此得出某条交通干线两侧4类声环境功能区的环境噪声平均值。

也可以对某一区域内的所有铁路、确定为交通干线的道路、城市轨道交通(地面段)、内河航道按前述方法进行长度加权统计,得出针对某一区域某一交通类型的环境噪声平均值。

根据每个典型路段的噪声值及对应的路段长度,统计不同噪声影响水平下的路段百分比,以及昼间、夜间的达标路段比例。有条件的可估算受影响人口。

对某条交通干线或某一区域某一交通类型采取抽样测量的,应统计抽样路段比例。

附录 C
(规范性附录)
噪声敏感建筑物监测方法

C.1 监测目的

了解敏感建筑物户外(或室内)的环境噪声水平,评价是否符合所处声环境功能区的环境质量要求。

C.2 监测要求

监测点一般设于噪声敏感建筑物户外。不得不在噪声敏感建筑物室内监测时,应在门窗全打开状况下进行室内噪声监测,并采用较该噪声敏感建筑物所在声环境功能区对应环境噪声限值低 10dB(A)的值作为评价依据。

对敏感建筑物的环境噪声监测应在周围环境噪声源正常工作条件下测量,视噪声源的运行工况,分昼、夜两个时段连续进行。根据环境噪声源的特征,可优化测量时间:

a)受固定噪声源的噪声影响

稳态噪声测量 1min 的等效声级 L_{eq};

非稳态噪声测量整个正常工作时间(或代表性时段)的等效声级 L_{eq};

b)受交通噪声源的噪声影响

对于铁路、城市轨道交通(地面段)、内河航道,昼、夜各测量不低于平均运行密度的 1h 等效声级 L_{eq},若城市轨道交通(地面段)的运行车次密集,测量时间可缩短至 20min。

对于道路交通,昼、夜各测量不低于平均运行密度的 20min 等效声级 L_{eq}。

c)受突发噪声的影响

以上监测对象夜间存在突发噪声的,应同时监测测量时段内的最大声级 L_{max}。

C.3 监测结果评价

以昼间、夜间环境噪声源正常工作时段的 L_{eq} 和夜间突发噪声 L_{max} 作为评价噪声敏感建筑物户外(或室内)环境噪声水平,是否符合所处声环境功能区的环境质量要求的依据。

图书在版编目(CIP)数据

环境监测实验 / 白书立主编. —杭州:浙江大学出版社,2014.6

ISBN 978-7-308-13347-0

Ⅰ.①环… Ⅱ.①白… Ⅲ.①环境监测—实验—高等学校—教材 Ⅳ.①X83-33

中国版本图书馆 CIP 数据核字(2014)第 118621 号

环境监测实验

白书立　主编

丛书策划	季　峥(zzstellar@126.com)
责任编辑	季　峥
封面设计	杭州林智广告有限公司
出版发行	浙江大学出版社
	(杭州市天目山路 148 号　邮政编码 310007)
	(网址:http://www.zjupress.com)
排　　版	杭州林智广告有限公司
印　　刷	杭州日报报业集团盛元印务有限公司
开　　本	787mm×1092mm　1/16
印　　张	8.75
字　　数	224 千
版 印 次	2014 年 6 月第 1 版　2014 年 6 月第 1 次印刷
书　　号	ISBN 978-7-308-13347-0
定　　价	23.00 元